国家重点保护野生植物

识别手册

李　敏　罗毅波　著

中国科学院植物研究所
国家公园研究院

U0131617

中国林业出版社
China Forestry Publishing House

参著人员

魏 泽　宣 晶　薛 凯　谢 淦　付其迪　薛艳莉
徐晔春　刘 军　林秦文　朱仁斌　刘 冰　宋 鼎

图书在版编目（CIP）数据

国家重点保护野生植物识别手册 / 李敏，罗毅波著
. -- 北京：中国林业出版社，2023.12
　　ISBN 978-7-5219-2156-4

Ⅰ．①国… Ⅱ．①李… ②罗… Ⅲ．①野生植
物—识别—中国—手册 Ⅳ．① Q948.52-62

中国国家版本馆 CIP 数据核字（2023）第 045926 号

责任编辑：张　华
封面设计：李　敏

出版发行：中国林业出版社（100009，北京市西城
区刘海胡同 7 号，电话 83143566）
电子邮箱：cfphzbs@163.com
网　　址：www.forestry.gov.cn/lycb.html
印　　刷：北京博海升彩色印刷有限公司
版　　次：2023 年 12 月第 1 版
印　　次：2023 年 12 月第 1 次印刷
开　　本：880mm × 1230mm　1/48
印　　张：12.5
字　　数：460 千字
定　　价：128.00 元

前 言

我国植物资源丰富，其中不少都为特有物种。但同时，我国植物濒危的情况也较为严重，濒危植物 4000~5000 种，占我国所有植物物种的 15%~20%，而世界平均值仅为 10%。除部分植物本身就比较稀有等因素外，环境污染、全球生态环境的变化、外来物种的引进入侵以及人类对植物资源的过度开发、人为破坏等外部因素都是导致我国植物物种濒危比例高于世界平均水平的重要原因。保护我国野生植物迫在眉睫。

国家重点保护野生植物，是指被列入《国家重点保护野生植物名录》，受国家法律保护的野生植物，俗称"保护植物"。1999 年 8 月 4 日，经国务院批准，国家林业局和农业部联合发布了《中国国家重点保护野生植物名录（第一批）》，于 1999 年 9 月 9 日起施行。2021 年 9 月 7 日，经国务院批准，国家林业和草原局、农业农村部正式向社会公布新版《国家重点保护野生植物名录》（以下简称《名录》）。调整后的《名录》包括菌类、藻类、苔藓、蕨类与石松类、裸子植物和被子植物，覆盖 455 种和 40 类，共约 1170 种（参考 2023 版的《中国植物物种名录》），包括国家一级保护野生植物 54 种和 4 类共约 130 种；国家二级保护野生植物 401 种和 36 类，共约 1040 种。其中，苔藓植物是第一次列入《名录》。除此之外，《名录》还列入了大量具有重要经济价值的物种，是国家开展植物物种保护的法律依据。

重点保护野生植物不仅是自然生态系统的重要组成部分，而且是人类生存和社会发展的重要物质基础，是国家重要的战略资源，在国家经济发展、文化传承、科学研究等方面，有着举足轻重的意义。重点保护野生植物本身作为植物多样性的重要组成部分，在生态环境中发挥着维持生态系统稳定和生态服务的功能。

制定《国家重点保护野生植物名录》让保护植物有名录可参照、有法可依，是国家对于野生植物保护的重大举措。然而，鉴定或识别这 1100 多种重点保护野生植物，对于相关专业人员来说也是一种挑战。而且这些重点保护野生植物大多生长在偏远地区，要目睹它们的"真容"都是一件不容易的事情。如何让社会民众了解和认识这些重点保护野生植物，从而避免一些错误行为，就需要通过技术手段使得社会民众也能识别如此众多的重点保护野生植物物种。为了强化宣传教育，提高公民的野生植物保护意识，支持国家野生植物保护工作的有效开展，我们编著了这本《国家重点保护野生植物识别手册》。本手册共收录了重点保护野生植物 1170 种 (含种下等级)，其中包含苔藓植物 5 种、蕨类植物 129 种、裸子植物 101 种、被子植物 925 种、藻类 6 种、真菌 4 种。手册除了提供相关植物的彩图外，还提供了鉴定特征描述和物候、分布相关信息，以期为社会民众、广大爱好者和相关执法人员提供一种尽快识别了解重点保护野生植物的手段，服务于重点保护野生植物的宣传、鉴定和保护。由于部分物种没有找到版权图片，为了排版的美观，我们统一将其集中放了文末。结合我国信息化发展趋势，我们还开发了配套的保护植物智能识别 APP，希望为相关人员在实际应用中提供更为方便快捷的识别方法。

本书得到"美丽中国生态文明建设科技工程专项资助"（XDA23080101）（Supported by the Strategic Priority Research Program of the Chinese Academy of Sciences，Grant No. XDA23080101) 以及中华人民共和国林业和草原局野生动植物保护司相关项目的资助。

李　敏　罗毅波

2023 年 11 月 9 日

目 录

前言...i

使用指南...vi

白发藓科 Leucobryaceae...........1

泥炭藓科 Sphagnaceae 2

石松科 Lycopodiaceae 3

水韭科 Isoetaceae 8

瓶尔小草科 Ophioglossaceae ..10

合囊蕨科 Marattiaceae...........12

金毛狗科 Cibotiaceae...........16

桫椤科 Cyatheaceae 18

凤尾蕨科 Pteridaceae.............21

冷蕨科 Cystopteridaceae.........24

铁角蕨科 Aspleniaceae...........25

乌毛蕨科 Blechnaceae 26

水龙骨科 Polypodiaceae 27

苏铁科 Cycadaceae 28

银杏科 Ginkgoaceae...............31

罗汉松科 Podocarpaceae.........32

柏科 Cupressaceae 35

红豆杉科 Taxaceae...................48

松科 Pinaceae 58

麻黄科 Ephedraceae................78

莼菜科 Cabombaceae...............79

睡莲科 Nymphaeaceae.............80

五味子科 Schisandraceae.......81

马兜铃科 Aristolochiaceae.......83

肉豆蔻科 Myristicaceae...........86

木兰科 Magnoliaceae..............89

番荔枝科 Annonaceae...........113

蜡梅科 Calycanthaceae.........115

莲叶桐科 Hernandiaceae.......116

樟科 Lauraceae.......................117

泽泻科 Alismataceae 130

水鳖科 Hydrocharitaceae.......132

冰沼草科 Scheuchzeriaceae...134

翡若翠科 Velloziaceae...........135

藜芦科 Melanthiaceae...........136

百合科 Liliaceae 139

兰科 Orchidaceae 149

天门冬科 Asparagaceae.........206

兰花蕉科 Lowiaceae...............208

姜科 Zingiberaceae.................209

棕榈科 Arecaceae 213

禾本科 Poaceae.......................219

罂粟科 Papaveraceae.............244

防己科 Menispermaceae.......248

小檗科 Berberidaceae............250

星叶草科 Circaeasteraceae....255

毛茛科 Ranunculaceae...........256

莲科 Nelumbonaceae 260

昆栏树科 Trochodendraceae.261

芍药科 Paeoniaceae 262

蕈树科 Altingiaceae.................267

金缕梅科 Hamamelidaceae ...268

连香树科 Cercidiphyllaceae..272

景天科 Crassulaceae 273

小二仙草科 Haloragaceae 284

锁阳科 Cynomoriaceae...........285

葡萄科 Vitaceae 286

蒺藜科 Zygophyllaceae...........288

豆科 Fabaceae.......................289

海人树科 Surianaceae............312

蔷薇科 Rosaceae...................313

胡颓子科 Elaeagnaceae 334

鼠李科 Rhamnaceae...............335

榆科 Ulmaceae.......................336

桑科 Moraceae.......................338

荨麻科 Urticaceae 342

壳斗科 Fagaceae...................343

胡桃科 Juglandaceae 349

桦木科 Betulaceae.................351

四数木科 Tetramelaceae........354

秋海棠科 Begoniaceae...........355

卫矛科 Celastraceae...............362

安神木科 Centroplacaceae 364

金莲木科 Ochnaceae...............365

川苔草科 Podostemaceae........366

藤黄科 Clusiaceae 369

青钟麻科 Achariaceae.............371

杨柳科 Salicaceae 372

大花草科 Rafflesiaceae...........373

大戟科 Euphorbiaceae............374

使君子科 Combretaceae..........375

千屈菜科 Lythraceae 378

野牡丹科 Melastomataceae ...382

漆树科 Anacardiaceae 383

无患子科 Sapindaceae 384

芸香科 Rutaceae....................396

楝科 Meliaceae 403

锦葵科 Malvaceae 406

瑞香科 Thymelaeaceae 418

半日花科 Cistaceae 420

龙脑香科 Dipterocarpaceae ..421

叠珠树科 Akaniaceae.............429

海檀木科 Ximeniaceae............430

瓣鳞花科 Frankeniaceae 431

柽柳科 Tamaricaceae.............432

蓼科 Polygonaceae...............433

茅膏菜科 Droseraceae............434

石竹科 Caryophyllaceae.........435

苋科 Amaranthaceae............436

蓝果树科 Nyssaceae 438

绣球花科 Hydrangeaceae 440

五列木科 Pentaphylacaceae ..442

山榄科 Sapotaceae 443

柿科 Ebenaceae 446

报春花科 Primulaceae 448

山茶科 Theaceae....................449

安息香科 Styracaceae 457

猕猴桃科 Actinidiaceae..........458

杜鹃花科 Ericaceae................463

茜草科 Rubiaceae..................470

龙胆科 Gentianaceae..............474

夹竹桃科 Apocynaceae 475

紫草科 Boraginaceae 477

茄科 Solanaceae....................479

木樨科 Oleaceae 481

苦苣苔科 Gesneriaceae..........485

车前科 Plantaginaceae..........489

玄参科 Scrophulariaceae.......491

狸藻科 Lentibulariaceae........492

唇形科 Lamiaceae 493

列当科 Orobanchaceae..........495

冬青科 Aquifoliaceae 499

桔梗科 Campanulaceae 500

菊科 Asteraceae 501

忍冬科 Caprifoliaceae............509

五加科 Araliaceae..................512

伞形科 Apiaceae 514

念珠藻科 Nostocaceae...........520

线虫草科 Ophiocordycipitaceae.521

口蘑科 Tricholomataceae 522

藻苔科 Takakiaceae 523

鸢尾科 Iridaceae....................526

香蒲科 Typhaceae 528

葫芦科 Cucurbitaceae............530

马尾藻科 Sargassaceae..........533

墨角藻科 Fucaceae................534

红翎菜科 Solieriaceae............535

块菌科 Tuberaceae................536

中文名索引............................537

学名索引................................560

图片摄影者............................578

· v ·

使用指南

分类名称

分别为中文名、学名[#]。中文名右上方标 * 者归农业农村主管部门分工管理，其余归林业和草原主管部门分工管理。

[#] 学名参考《中国植物物种名录》（2023 版）。

科属[##]、生境

[##] 采用最新分类系统。

形态特征

主要参考"中国植物志"网站（http://www.iplant.cn/frps）数据，有删减。

一级	红榄李 * *Lumnitzera littorea*

科属：使君子科 榄李属
生境：海岸边

花期：5 月

乔木或小乔木，高达 25 米，有细长的膝状出水面呼吸根。叶互生，常聚生枝顶，叶片肉质而厚，倒卵形或倒披针形，端钝圆或微凹，基部渐狭成一不明显的柄。总状花序顶生，多数；小苞片 2 枚，三角形，具腺毛；萼片 5 枚，扁圆形，缘具腺毛；花瓣 5 枚，红色，长圆状椭圆形，先端渐尖或钝头；雄蕊通常 7 枚；花柱顶端梢粗厚，柱头略平。果纺锤形。

376

千果榄仁
Terminalia myriocarpa

二级

花期：8~9月

科属：使君子科 榄仁属
生境：山谷林中

常绿乔木，高达 25~35 米。叶对生，厚纸质；叶片长椭圆
全缘或微波状，顶端有一短而偏斜的尖头，基部钝圆；叶
顶端有一对具柄的腺体。大型圆锥花序，顶生或腋生，总轴
被黄色绒毛。花极小，极多数，两性，红色；小苞片三角形；
杯状，5 齿裂；雄蕊 10。瘦果细小，极多数，有 3 翅，其
翅等大，1 翅特小。

377

保护级别

国家一级保护野生
植物为红色；国家二级
保护野生植物为橙色。

花期

花期受纬度、海拔和气温的
影响较大。

桧叶白发藓

Leucobryum juniperoideum

二级

科属：白发藓科 白发藓属
生境：多阔叶林内树干和石壁上

　　植物体浅绿色，密集丛生，高达 3 厘米。茎单一或分枝。叶群集，干时紧贴，湿时直立展出或略弯曲，长 5~8 毫米，宽 1~2 毫米，基部卵圆形，内凹，上部渐狭，呈披针形或近筒状，先端兜形或具细尖头；中肋平滑，无色细胞背面 2~4 层，腹面 1~2 层。上部叶细胞 2~3 行，线形，基部叶细胞 5~10 行，长方形或近方形。

粗叶泥炭藓 *

Sphagnum squarrosum

科属：泥炭藓科 泥炭藓属
生境：林地、林下积水处及沼泽中

　　植物体较粗壮，黄绿色或黄棕色。茎叶大，舌形，先端圆钝，往往销蚀而破裂成齿状，叶缘具白色分化狭边。每枝丛 4~5 枝，2~3 强枝，粗壮，倾立。枝叶阔卵圆状披针形，内凹成瓢状，先端渐狭，强烈背仰，边内卷，顶部钝头，具齿。雌雄同株，雄枝绿色，雄苞叶较枝叶为小。雌枝往往延伸甚长；雌苞叶较大，阔舌形，纵长内卷。孢子黄色，具细疣。

石杉属

Huperzia spp.

科属：石松科 石杉属
生境：林下、湿地、苔藓丛、草甸

　　小型，附生或土生；茎直立或附生种类的茎柔软下垂或略下垂；一至多回二叉分枝；叶为小型叶，仅具中脉，一型或二型，无叶舌，螺旋状排列；孢子囊通常为肾形，具小柄，2瓣开裂，生于全枝或枝上部叶腋，或在枝顶端形成细长线形的孢子囊穗；孢子叶较小与营养叶同形或异形；孢子球状四面形，具孔穴状纹饰。中国产30种1变种，所有种均列入《国家重点保护野生植物名录》二级。

1. 伏贴石杉 _Huperzia appressa_

2. 长白石杉 _Huperzia asiatica_

3. 曲尾石杉 _Huperzia bucahwangensis_

4. 中华石杉 _Huperzia chinensis_

5. 赤水石杉 _Huperzia chishuiensis_

6. 皱边石杉 _Huperzia crispata_

7. 苍山石杉 _Huperzia delavayi_

8. 华西石杉 _Huperzia dixitiana_

9. 峨眉石杉 _Huperzia emeiensis_

10. 锡金石杉 _Huperzia herteriana_

11. 长柄石杉 _Huperzia javanica_

12. 康定石杉 _Huperzia kangdingensis_

13. 昆明石杉 _Huperzia kunmingensis_

14. 雷波石杉 _Huperzia laipoensis_

15. 拉觉石杉 _Huperzia lajouensis_

16. 雷山石杉 _Huperzia leishanensis_

17. 凉山石杉 *Huperzia liangshanica*

18. 墨脱石杉 *Huperzia medogensis*

19. 东北石杉 *Huperzia miyoshiana*

20. 苔藓林石杉 *Huperzia muscicola*

21. 南川石杉 *Huperzia nanchuanensis*

22. 南岭石杉 *Huperzia nanlingensis*

23. 金发石杉 *Huperzia quasipolytrichoides*

24. 直叶金发石杉 *Huperzia quasipolytrichoides* var. *rectifolia*

25. 红茎石杉 *Huperzia rubicaulis*

26. 小杉兰 *Huperzia selago*

27. 蛇足石杉 *Huperzia serrata*

28. 斯氏石杉 *Huperzia shresthae*

29. 相马石杉 *Huperzia somae*

30. 四川石杉 *Huperzia sutchueniana*

31. 西藏石杉 *Huperzia tibetica*

石杉属代表图

中华石杉 *Huperzia chinensis*

皱边石杉 *Huperzia crispata*

石杉属代表图

苍山石杉 *Huperzia delavayi*

锡金石杉 *Huperzia herteriana*

长柄石杉 *Huperzia javanica*

康定石杉 *Huperzia kangdingensis*

昆明石杉 *Huperzia kunmingensis*

雷山石杉 *Huperzia leishanensis*

马尾杉属（所有种）
二级

Phlegmariurus spp.

科属：石松科 马尾杉属
生境：林下、岩石上、树干、竹林

　　中型附生蕨类。茎短而簇生，成熟枝下垂或近直，多回二叉分枝。叶螺旋状排列，披针形，椭圆形，卵形或鳞片状，革质或近革质，全缘。孢子囊穗比不育部分细瘦或为线形。孢子叶与营养叶明显不同或相似。孢子叶较小，孢子囊生在孢子叶腋。孢子囊肾形。孢子球状四面形，极面观近三角状圆形，赤道面观扇形。中国产24种，所有种均列入《国家重点保护野生植物名录》二级。

1. 华南马尾杉 *Phlegmariurus austrosinicus*
2. 网络马尾杉 *Phlegmariurus cancellatus*
3. 龙骨马尾杉 *Phlegmariurus carinatus*
4. 长叶马尾杉 *Phlegmariurus changii*
5. 柳杉叶马尾杉 *Phlegmariurus cryptomerinus*
6. 杉形马尾杉 *Phlegmariurus cunninghamioides*
7. 金丝条马尾杉 *Phlegmariurus fargesii*
8. 福氏马尾杉 *Phlegmariurus fordii*
9. 广东马尾杉 *Phlegmariurus guangdongensis*
10. 喜马拉雅马尾杉 *Phlegmariurus hamiltonii*
11. 椭圆叶马尾杉 *Phlegmariurus henryi*
12. 闽浙马尾杉 *Phlegmariurus mingcheensis*
13. 聂拉木马尾杉 *Phlegmariurus nylamensis*
14. 卵叶马尾杉 *Phlegmariurus ovatifolius*
15. 有柄马尾杉 *Phlegmariurus petiolatus*
16. 马尾杉 *Phlegmariurus phlegmaria*
17. 美丽马尾杉 *Phlegmariurus pulcherrimus*
18. 柔软马尾杉 *Phlegmariurus salvinioides*

19. 上思马尾杉 *Phlegmariurus shangsiensis*

20. 鳞叶马尾杉 *Phlegmariurus sieboldii*

21. 粗糙马尾杉 *Phlegmariurus squarrosus*

22. 细叶马尾杉 *Phlegmariurus subulifolius*

23. 台湾马尾杉 *Phlegmariurus taiwanensis*

24. 云南马尾杉 *Phlegmariurus yunnanensis*

马尾杉属代表图

华南马尾杉
Phlegmariurus austrosinicus

柳杉叶马尾杉
Phlegmariurus cryptomerinus

喜马拉雅马尾杉
Phlegmariurus hamiltonii

马尾杉
Phlegmariurus phlegmaria

水韭属 * (所有种)

Isoëtes spp.

接受名：*Isoetes* spp.

科属：水韭科 水韭属

生境：高山草甸水浸处、池塘

小型或中型蕨类，多为水生或沼地生。茎粗短，块状或伸长而分枝，具原生中柱，下部生根，有根托；叶螺旋状排呈丛生状，一型，狭长线形或钻形，基部扩大，腹面有叶舌；内部有分隔的气室及叶脉 1 条；叶内有 1 条维管束和 4 条纵向具横隔的通气道；孢子囊单生在叶基部腹面的穴内，椭圆形，外有盖膜覆盖，二型。中国产 9 种，所有种均列入《国家重点保护野生植物名录》一级。

1. 保东水韭 *Isoetes baodongii*

2. 高寒水韭 *Isoetes hypsophila*

3. 隆平水韭 *Isoetes longpingii*

4. 东方水韭 *Isoetes orientalis*

5. 香格里拉水韭 *Isoetes shangrilaensis*

6. 中华水韭 *Isoetes sinensis*

7. 台湾水韭 *Isoetes taiwanensis*

8. 湘妃水韭 *Isoetes xiangfei*

9. 云贵水韭 *Isoetes yunguiensis*

水韭属代表图

高寒水韭 *Isoetes hypsophila*

东方水韭 *Isoetes orientalis*

中华水韭 *Isoetes sinensis*

台湾水韭 *Isoetes taiwanensis*

云贵水韭 *Isoetes yunguiensis*

七指蕨
Helminthostachys zeylanica

科属：瓶尔小草科 七指蕨属
生境：阴湿疏荫林下

　　根状茎肉质，横走，靠近顶部生出 1~2 枚叶，叶柄绿色，叶片由三裂的营养叶片和一枚直立的孢子囊穗组成，营养叶片几乎是三等分，每分部由一枚顶生羽片和在它下面的 1~2 对侧生羽片组成，全叶片宽掌状，向基部渐狭，向顶端为渐尖头，边缘为全缘或往往稍有不整齐的锯齿。孢子囊穗单生，通常高出不育叶，孢子囊环生于囊托，形成细长圆柱形。

带状瓶尔小草

Ophioglossum pendulum

接受名：***Ophioderma pendulum***

科属：瓶尔小草科 瓶尔小草属

生境：雨林中树干上

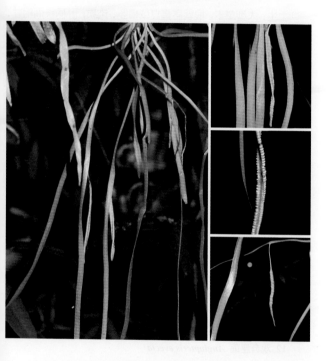

　　附生植物。根状茎短而有很多的肉质粗根。叶1~3片，下垂如带状，往往为披针形，无明显的柄，单叶或顶部二分叉，质厚，肉质，无中脉，小脉多少可见，网状，网眼为六角形而稍长，斜列。孢子囊穗具较短的柄，生于营养叶的近基部处或中部，从不超过叶片的长，孢子囊多数，每侧40~200个，孢子四边形，无色或淡乳黄色，透明。

观音座莲属（所有种）

Angiopteris spp.

科属：合囊蕨科 观音座莲属
生境：山谷林下溪旁阴湿处

土生，大型草本。根状茎直立或横卧，肉质；叶柄长而粗壮，基部有托叶状附属物；叶片一至二回羽状复叶，小羽片披针形，有短柄或无柄，边缘有粗齿或具尖锯齿；叶脉分离，单一或分叉，近小羽片边缘常有倒行假脉；孢子囊群圆形或短线形，近小羽片边缘生或生于叶缘与中肋间，无隔丝；孢子四面体球形。中国产33种，所有种均列入《国家重点保护野生植物名录》二级。

1. 尖齿观音座莲 *Angiopteris acutidentata*
2. 二回原始观音座莲 *Angiopteris bipinnata*
3. 披针观音座莲 *Angiopteris caudatiformis*
4. 长尾观音座莲 *Angiopteris caudipinna*
5. 河口原始观音座莲 *Angiopteris chingii*
6. 琼越观音座莲 *Angiopteris cochinchinensis*
7. 密脉观音座莲 *Angiopteris confertinervia*
8. 大脚观音座莲 *Angiopteris crassipes*
9. 尾叶原始观音座莲 *Angiopteris danaeoides*
10. 滇越观音座莲 *Angiopteris dianyuecola*
11. 食用观音座莲 *Angiopteris esculenta*
12. 观音座莲 *Angiopteris evecta*
13. 福建观音座莲 *Angiopteris fokiensis*
14. 海南观音座莲 *Angiopteris hainanensis*
15. 楔基观音座莲 *Angiopteris helferiana*
16. 河口观音座莲 *Angiopteris hokouensis*
17. 伊藤氏原始观音座莲 *Angiopteris itoi*

18. 阔叶原始观音座莲 *Angiopteris latipinna*

19. 海金沙叶观音座莲 *Angiopteris lygodiifolia*

20. 边生观音座莲 *Angiopteris neglecta*

21. 倒披针观音座莲 *Angiopteris oblanceolata*

22. 疏脉观音座莲 *Angiopteris paucinervis*

23. 疏叶观音座莲 *Angiopteris remota*

24. 强壮观音座莲 *Angiopteris robusta*

25. 台湾原始观音座莲 *Angiopteris somae*

26. 法斗观音座莲 *Angiopteris sparsisora*

27. 圆基原始观音座莲 *Angiopteris subrotundata*

28. 素功观音座莲 *Angiopteris sugongii*

29. 三岛原始观音座莲 *Angiopteris tamdaoensis*

30. 尖叶原始观音座莲 *Angiopteris tonkinensis*

31. 西藏观音座莲 *Angiopteris wallichiana*

32. 王氏观音座莲 *Angiopteris wangii*

33. 云南观音座莲 *Angiopteris yunnanensis*

二级

观音座莲属代表图

二回原始观音座莲
Angiopteris bipinnata

披针观音座莲
Angiopteris caudatiformis

观音座莲属代表图

密脉观音座莲
Angiopteris confertinervia

观音座莲 *Angiopteris evecta*

福建观音座莲 *Angiopteris fokiensis*

河口观音座莲 *Angiopteris hokouensis*

尖叶原始观音座莲
Angiopteris tonkinensis

云南观音座莲
Angiopteris yunnanensis

　　陆生植物。叶疏生或近生，叶片广卵形，基部近心脏形，由 3 个分离羽片组成，中央羽片较大，侧生一对羽片较小，常与中央羽片呈覆瓦状叠生。叶草质，上面光滑，中肋和侧脉明显而粗，侧脉斜向上，平行，稍弯弓。聚合孢子囊群散生于侧脉之间，形大而圆，中空如钵，生于网脉连结点，由 10 余个肉质船形的孢子囊排列成一圆圈融合而成。

金毛狗属 （所有种）
Cibotium spp.

科属：金毛狗科 金毛狗属
生境：山麓沟边及林下阴湿酸性土

　　树形蕨类，常具粗大高耸主干或主干短而平卧，密被垫状长柔毛，无鳞片，冠状叶丛顶生；叶具粗壮长柄，叶片大型，三至四回羽状复叶，革质，叶脉分离；孢子囊群边缘生，囊群盖具内外两瓣，内凹，革质，外瓣为叶缘锯齿，较大，内瓣生于叶下面，同形而较小；孢子囊梨形，有柄，环带稍斜生，完整，侧边开裂；原叶体心形，无毛。中国产3种，所有种均列入《国家重点保护野生植物名录》二级。

1. 金毛狗 *Cibotium barometz*
2. 菲律宾金毛狗 *Cibotium cumingii*
3. 中缅金毛狗 *Cibotium sino-burmaense*

金毛狗属代表图

金毛狗 *Cibotium barometz*

金毛狗属代表图

菲律宾金毛狗 *Cibotium cumingii*

桫椤科 <small>（所有种，小黑桫椤和粗齿桫椤除外）</small>

Cyatheaceae spp. *(excl. Alsophila metteniana & A. denticulata)*

科属：桫椤科

生境：林缘、林下溪边阴湿处

大型陆生树形常绿植物，常有高大而粗或短而平卧的主干；叶一型或二型，叶柄粗壮，基部具鳞片，鳞片坚硬或薄，有或无特化的边缘；叶片大，二至三回羽状分裂，末回裂片线形，边缘全缘或有锯齿；叶脉分离，单一或二叉；孢子囊群圆形，生于叶下面隆起的囊托上，有盖或无盖，有丝状隔丝；孢子囊梨形，有短柄，环带斜生。中国产 3 属 18 种，除小黑桫椤、粗齿桫椤外，其余种列入《国家重点保护野生植物名录》二级。

1. 中华桫椤 *Alsophila costularis*

2. 兰屿桫椤 *Alsophila fenicis*

3. 阴生桫椤 *Alsophila latebrosa*

4. 南洋桫椤 *Alsophila loheri*

5. 桫椤 *Alsophila spinulosa*

6. 毛叶黑桫椤 *Gymnosphaera andersonii*

7. 滇南黑桫椤 *Gymnosphaera austroyunnanensis*

8. 结脉黑桫椤 *Gymnosphaera bonii*

9. 平鳞黑桫椤 *Gymnosphaera henryi*

10. 喀西黑桫椤 *Gymnosphaera khasyana*

11. 黑桫椤 *Gymnosphaera podophylla*

12. 岩生黑桫椤 *Gymnosphaera saxicola*

13. 白桫椤 *Sphaeropteris brunoniana*

14. 广西白桫椤 *Sphaeropteris guangxiensis*

15. 海南白桫椤 *Sphaeropteris hainanensis*

16. 笔筒树 *Sphaeropteris lepifera*

桫椤科代表图

中华桫椤 *Alsophila costularis*

兰屿桫椤 *Alsophila fenicis*

阴生桫椤 *Alsophila latebrosa*

南洋桫椤 *Alsophila loheri*

桫椤 *Alsophila spinulosa*

毛叶黑桫椤
Gymnosphaera andersonii

桫椤科代表图

黑桫椤 *Gymnosphaera podophylla*

白桫椤 *Sphaeropteris brunoniana*

笔筒树 *Sphaeropteris lepifera*

荷叶铁线蕨 *
Adiantum nelumboides

科属：凤尾蕨科 铁线蕨属

生境：岩石上及石缝中

植株高 5~20 厘米。叶簇生，单叶；叶片圆形或圆肾形，叶柄着生处有一或深或浅的缺刻，两侧垂耳有时扩展而彼此重叠，叶片上面围绕着叶柄着生处，形成 1~3 个同心圆圈，叶片的边缘有圆钝齿牙。叶脉由基部向四周辐射，多回二歧分枝，两面可见。叶纸质或坚纸质。囊群盖圆形或近长方形，上缘平直，沿叶边分布，彼此接近或有间隔，褐色，膜质，宿存。

21

水蕨属 * <small>（所有种）</small>
Ceratopteris spp.

科属：凤尾蕨科 水蕨属
生境：沼泽、水田、河沟及水塘

　　一年生多汁水生植物；根状茎短而直立；叶簇生，二型；叶柄绿色，多少膨胀，半圆柱形，肉质；不育叶片为椭圆状三角形或卵状三角形，二至三回羽状深裂；叶脉网状，无内藏小脉；能育叶片分裂较深和较细，羽片基部上侧常有小芽孢，裂片线形，裂片的侧脉不明显；孢子囊群布满于能育叶，无囊群盖；孢子四面体，无周壁。中国产5种，所有种均列入《国家重点保护野生植物名录》二级。

1. 粗梗水蕨 *Ceratopteris chingii*
2. 焕镛水蕨 *Ceratopteris chunii*
3. 亚太水蕨 *Ceratopteris gaudichaudii*
4. 邢氏水蕨 *Ceratopteris shingii*
5. 水蕨 *Ceratopteris thalictroides*

水蕨属代表图

亚太水蕨 *Ceratopteris gaudichaudii*　　　粗梗水蕨 *Ceratopteris chingii*

水蕨属代表图

邢氏水蕨 *Ceratopteris shingii*

水蕨 *Ceratopteris thalictroides*

光叶蕨

Cystopteris chinensis

科属：冷蕨科 冷蕨属
生境：针阔叶混交林下阴湿处

　　叶近生。能育叶叶片狭披针形，羽片 30 对左右，近对生，中部最长的羽片长 3~4 厘米，羽状深裂，裂片可达 10 对左右，斜向上，长圆形，钝头。叶脉在裂片上羽状，侧脉上先出，3~5 对，伸达叶边。孢子囊群圆形，每裂片一枚，生于基部上侧小脉背部，靠近羽轴两侧各排列成一行；囊群盖卵圆形，薄膜质，灰绿色，老时脱落，被压于孢子囊群下面，似无盖。

对开蕨

Asplenium komarovii

科属：铁角蕨科 铁角蕨属
生境：落叶混交林下

植株高约 60 厘米。叶 5~8 枚簇生；叶片舌状披针形，基部心脏形，两侧明显扩大成圆耳状。主脉粗壮，下面隆起；侧脉纤细，单一或自下部二叉。叶鲜时稍呈肉质，干后薄革质，棕绿色。孢子囊群粗线形，通常长 1.5~2.5 厘米，斜展，着生于相邻两小脉的一侧；囊群盖线形，深棕色，膜质，全缘，向侧脉相对开，宿存。

苏铁蕨
Brainea insignis

科属：乌毛蕨科 苏铁蕨属
生境：阳坡

　　植株高达 1.5 米。主轴直立。叶簇生于主轴的顶部，略呈二形；叶片椭圆披针形，一回羽状，羽片 30~50 对，对生或互生，线状披针形至狭披针形；能育叶与不育叶同形，仅羽片较短较狭，彼此较疏离，边缘有时呈不规则的浅裂。孢子囊群沿主脉两侧的小脉着生，成熟时逐渐满布于主脉两侧，最终满布于能育羽片的下面。

Platycerium wallichii

科属：水龙骨科 鹿角蕨属
生境：山地雨林中

　　附生植物。叶2列，二型；基生不育叶宿存，厚革质，贴生于树干上，长宽近相等，3~5次叉裂，裂片近等长，圆钝或尖头，初时绿色，不久枯萎，褐色。正常能育叶常成对生长，下垂，灰绿色，分裂成不等大的3枚主裂片，内侧裂片最大，多次分叉成狭裂片，中裂片较小，两者都能育，外侧裂片最小，不育。孢子囊散生于主裂片第一次分叉的凹缺处以下。

27

苏铁属（所有种）
Cycas spp.

科属：苏铁科 苏铁属
生境：热带雨林、季雨林、石壁

常绿木本，茎干常呈圆柱状；叶螺旋状排列，集生于树干顶部，一回或二至三回羽裂，羽片具 1 明显中脉，无侧脉，幼时拳卷，叶柄常具刺；雌雄异株，孢子叶球生枝顶，小孢子叶球柱形，中轴上密生螺旋状排列的楔形小孢子叶；大孢子叶球球形，顶端可继续营养生长，大孢子叶螺旋状排列，下部柄状；种子核果状。中国产 25 种，所有种均列入《国家重点保护野生植物名录》一级。

1. 宽叶苏铁 *Cycas balansae*
2. 叉叶苏铁 *Cycas bifida*
3. 陈氏苏铁 *Cycas chenii*
4. 越南苏铁 *Cycas collina*
5. 德保苏铁 *Cycas debaoensis*
6. 滇南苏铁 *Cycas diannanensis*
7. 长叶苏铁 *Cycas dolichophylla*
8. 锈毛苏铁 *Cycas ferruginea*
9. 贵州苏铁 *Cycas guizhouensis*
10. 灰干苏铁 *Cycas hongheensis*
11. 长柄叉叶苏铁 *Cycas longipetiolula*
12. 多羽叉叶苏铁 *Cycas multifrondis*
13. 多胚苏铁 *Cycas multiovula*
14. 多歧苏铁 *Cycas multipinnata*
15. 攀枝花苏铁 *Cycas panzhihuaensis*
16. 篦齿苏铁 *Cycas pectinata*
17. 苏铁 *Cycas revoluta*
18. 叉孢苏铁 *Cycas segmentifida*

19. 石山苏铁 *Cycas sexseminifera*

20. 三亚苏铁 *Cycas shanyagensis*

21. 单羽苏铁 *Cycas simplicipinna*

22. 仙湖苏铁 *Cycas szechuanensis*

23. 台东苏铁 *Cycas taitungensis*

24. 闽粤苏铁 *Cycas taiwaniana*

25. 绿春苏铁 *Cycas tanqingii*

一级

苏铁属代表图

宽叶苏铁 *Cycas balansae*

叉叶苏铁 *Cycas bifida*

德保苏铁 *Cycas debaoensis*

贵州苏铁 *Cycas guizhouensis*

苏铁属代表图

灰干苏铁 *Cycas hongheensis*

攀枝花苏铁 *Cycas panzhihuaensis*

篦齿苏铁 *Cycas pectinata*

苏铁 *Cycas revoluta*

叉孢苏铁 *Cycas segmentifida*

石山苏铁 *Cycas sexseminifera*

银杏
Ginkgo biloba

科属：银杏科 银杏属

花期：3~4月　　生境：山谷阔叶林中

　　落叶乔木。叶在长枝上散生，在短枝上簇生，具长柄。叶片扇形，具多数二歧分枝的平行细脉，基部宽楔形，上部边缘有浅或深的波状缺刻。雌雄异株，雌球花生于短枝顶端，雄球花柔荑花序状下垂。种子近球形，肉质假种皮被白粉，绿色，熟时黄色。

二级 罗汉松属（所有种）

Podocarpus spp.

科属：罗汉松科 罗汉松属
生境：山坡、林中、海岸岩石上

常绿乔木，稀为灌木。叶螺旋状排列，条形或披针形，具明显中脉；雌雄异株；雌球花腋生，基部有数枚苞片；种子核果状，为肉质假种皮所包，生于红色肉质种托上。中国产 10 种，所有种均列入《国家重点保护野生植物名录》二级。

1. 海南罗汉松 *Podocarpus annamiensis*
2. 短叶罗汉松 *Podocarpus chinensis*
3. 柱冠罗汉松 *Podocarpus chingianus*
4. 兰屿罗汉松 *Podocarpus costalis*
5. 大理罗汉松 *Podocarpus forrestii*
6. 罗汉松 *Podocarpus macrophyllus*
7. 台湾罗汉松 *Podocarpus nakaii*
8. 百日青 *Podocarpus neriifolius*
9. 小叶罗汉松 *Podocarpus pilgeri*
10. 四川罗汉松 *Podocarpus subtropicalis*

罗汉松属代表图

海南罗汉松 *Podocarpus annamiensis*

短叶罗汉松 *Podocarpus chinensis*

罗汉松属代表图

柱冠罗汉松 *Podocarpus chingianus*

兰屿罗汉松 *Podocarpus costalis*

大理罗汉松 *Podocarpus forrestii*

罗汉松 *Podocarpus macrophyllus*

台湾罗汉松 *Podocarpus nakaii*

百日青 *Podocarpus neriifolius*

罗汉松属代表图

小叶罗汉松 *Podocarpus pilgeri*

翠柏

Calocedrus macrolepis

二级

科属：柏科 翠柏属

花期：3~4 月

生境：山地林中

　　乔木，高达 30~35 米。树皮红褐色或灰褐色，幼时平滑，老则纵裂；幼树树冠尖塔形，老树则呈广圆形；小枝互生，两列状。鳞叶两对交叉对生，呈节状，小枝上下两面中央的鳞叶扁平，两侧之叶对折。雌雄球花分别生于不同短枝的顶端，雄球花矩圆形或卵圆形，黄色。球果矩圆形或长卵状圆柱形，熟时红褐色；种鳞 3 对，木质；种子近卵圆形，暗褐色。

岩生翠柏

Calocedrus rupestris

科属：柏科 翠柏属

生境：石灰岩山地

花期：12月至翌年1月

　　常绿乔木。树冠广圆形，树皮棕灰色至灰色。小枝向上斜展，排成平面，明显成节；鳞叶交叉对生，中央之叶扁平，两侧之叶对折。雌雄同株。雄球花单生枝顶，圆柱形；着生雌球花及球果的小枝圆柱形或四棱形；球果绿褐色，单生或成对生于枝顶，卵形，当年成熟时开裂；通常种子2粒，种子卵圆形或椭圆形。

红桧

Chamaecyparis formosensis

科属：柏科 扁柏属

花期：3~4月　　生境：森林边缘或在林内林隙空地

　　乔木，高达57米。树皮淡红褐色，生鳞叶的小枝扁平，排成一平面。鳞叶菱形，先端锐尖，背面有腺点，有时具纵脊，小枝上面之叶绿色，微有光泽，下面之叶有白粉。球果矩圆形或矩圆状卵圆形；种鳞5~6对，顶部具少数沟纹，中央稍凹，有尖头；种子扁，倒卵圆形，红褐色，微有光泽，两侧具窄翅。

岷江柏木
Cupressus chengiana

科属：柏科 柏木属
生境：干燥阳坡

花期：4~5月

　　乔木，高达 30 米，胸径 1 米。枝叶浓密，生鳞叶的小枝斜展，不下垂，不排成平面，末端鳞叶枝粗，圆柱形。鳞叶斜方形，交叉对生，排成整齐的四列，背部拱圆。二年生枝带紫褐色、灰紫褐色或红褐色，三年生枝皮鳞状剥落。成熟的球果近球形或略长；种鳞 4~5 对，顶部平，不规则扁四边形或五边形，红褐色或褐色；种子多数，扁圆形或倒卵状圆形。

巨柏

Cupressus gigantea

科属：柏科 柏木属

花期：3~4 月

生境：沿江地段的漫滩

乔木，高 30~45 米。树皮纵裂成条状；生鳞叶的枝排列紧密，粗壮，不排成平面，常呈四棱形，被蜡粉。鳞叶斜方形，交叉对生，紧密排成整齐的四列，背部有钝纵脊或拱圆，具条槽。球果矩圆状球形；种鳞 6 对，木质，盾形，顶部平，多呈五角形或六角形，中央有明显而凸起的尖头，能育种鳞具多数种子；种子两侧具窄翅。

西藏柏木
Cupressus torulosa

科属：柏科 柏木属
生境：山地

花期：4~5月

　　乔木，高约 20 米。生鳞叶的枝不排成平面，圆柱形，末端的鳞叶枝细长，微下垂或下垂，排列较疏，二三年生枝灰棕色，枝皮裂成块状薄片。鳞叶排列紧密，近斜方形，先端通常微钝，背部平，中部有短腺槽。球果生于短枝顶端，宽卵圆形或近球形，熟后深灰褐色；种鳞 5~6 对，顶部五角形，有放射状的条纹，中央具短尖头或近平；种子两侧具窄翅。

福建柏

Fokienia hodginsii

科属：柏科 福建柏属

花期：3~4月

生境：温暖湿润的山地森林中

　　乔木，高达17米。树皮紫褐色，平滑；生鳞叶的小枝扁平，排成一平面，二三年生枝褐色，光滑，圆柱形。鳞叶2对交叉对生，呈节状，中央之叶呈楔状倒披针形，侧面之叶对折，近长椭圆形，较中央之叶为长。雄球花近球形。球果近球形，熟时褐色；种鳞顶部多角形，表面皱缩稍凹陷，中间有一小尖头突起；种子顶端尖，具3~4棱，上部有两个大小不等的翅。

水松
Glyptostrobus pensilis

科属：柏科 水松属
生境：河流两岸

花期：1~2 月

　　落叶乔木。叶二型。有冬芽的小枝具鳞形叶，基部下延，冬季宿存；侧生小枝具条状钻形叶，两侧扁，常排列成羽状，冬季脱落。雌雄同株；球花单生枝顶；雌球花卵状椭圆形。球果倒卵圆形，直立；种鳞木质，大小不等，外面的扁平肥厚，背部上缘有 6~9 微向外反的三角状尖齿，近中部有一反曲的尖头；种子基部有向下的长翅。

水杉

Metasequoia glyptostroboides

科属：柏科 水杉属

花期：2月　　　生境：林中

　　落叶乔木。小枝对生，下垂，具长枝与脱落性短枝。叶交互对生，2列，羽状，条形，扁平，柔软。雌雄同株；球花单生叶腋或枝顶；雄球花在枝上排成总状或圆锥花序状；雌球花具多数交互对生的珠鳞。球果下垂，近球形，微具四棱，有长柄；种鳞木质，楯形，顶部宽有凹陷，两端尖，熟后深褐色，宿存；种子倒卵形。

台湾杉 秃杉
Taiwania cryptomerioides

科属：柏科 台湾杉属
生境：林中

花期：4~5月

　　乔木，高达 60 米。枝平展，树冠广圆形。大树之叶钻形、腹背隆起，背脊和先端向内弯曲，四面均有气孔线。雄球花 2~5 个簇生枝顶，雄蕊 10~15 枚，雌球花球形，球果卵圆形或短圆柱形；种鳞边缘膜质，先端中央有突起的小尖头，背面先端下方有不明显的圆形腺点；种子长椭圆形或长椭圆状倒卵形，连翅长 6 毫米。

朝鲜崖柏

Thuja koraiensis

科属：柏科 崖柏属
花期：5月　　　生境：土壤富有腐殖质的山谷地区

　　乔木，高达 10 米。枝条平展或下垂，树冠圆锥形；当年生枝绿色，二年生枝红褐色，三四年生枝灰红褐色。叶鳞形，中央之叶近斜方形，侧面的叶船形，长与中央之叶相等或稍短。雄球花卵圆形，黄色。球果椭圆状球形，熟时深褐色；种鳞 4 对，交叉对生，薄木质；种子椭圆形，扁平，两侧有翅。

崖柏
Thuja sutchuenensis

科属：柏科 崖柏属
生境：石灰岩山地

花期：5月

　　灌木或乔木。枝条密，开展。叶鳞形，生于小枝中央之叶斜方状倒卵形，有隆起的纵脊，侧面之叶船形，较中央之叶稍短。雄球花近椭圆形，长约2.5毫米，雄蕊约8对，交叉对生，药隔宽卵形，先端钝。幼小球果长约5.5毫米，椭圆形，种鳞8片，交叉对生，最外面的种鳞倒卵状椭圆形，顶部下方有一鳞状尖头。

金柏 **越南黄金柏**
Xanthocyparis vietnamensis

科属：柏科 金柏属
花期：3~4月　　生境：石灰岩山地

　　常绿小乔木。树皮红色，条状及鳞片状剥落，分枝多。幼树刺形叶着生稠密，成年树多为鳞状叶，鳞状叶交叉对生，边缘重叠成覆瓦状，正面鳞状叶狭卵状菱形，侧面叶较正面叶稍长。雄球花卵状圆柱形，雌球花疏生，有时2~3枚簇生于鳞状叶的外边缘或近基部，球果扁球形，种子卵形，具膜质翅。

穗花杉属 （所有种）

Amentotaxus spp.

科属：红豆杉科 穗花杉属
生境：石灰岩山地、山地林中

常绿乔木或灌木。叶对生，排成二列，条形或披针状条形，下面有两条宽气孔带；雌雄异株；雌球花具长梗，每苞片具1枚胚珠；种子当年成熟，核果状，包于鲜红色肉质假种皮中，顶端露出尖头。中国产5种1变种，所有种均列入《国家重点保护野生植物名录》二级。

1. 穗花杉 *Amentotaxus argotaenia*
2. 短叶穗花杉 *Amentotaxus argotaenia* var. *brevifolia*
3. 藏南穗花杉 *Amentotaxus assamica*
4. 台湾穗花杉 *Amentotaxus formosana*
5. 河口穗花杉 *Amentotaxus hekouensis*
6. 云南穗花杉 *Amentotaxus yunnanensis*

穗花杉属代表图

穗花杉 *Amentotaxus argotaenia*

穗花杉属代表图

云南穗花杉 *Amentotaxus yunnanensis*

海南粗榧
Cephalotaxus hainanensis

科属：红豆杉科 三尖杉属
生境：林中

花期：2~3月

　　乔木，高达 30 米，胸径 40 厘米。叶线形或披针状线形，质地较薄，直或微呈镰状，长 2.8~4.3 厘米，先端渐尖或微急尖，基部圆或圆截形，下面中脉两侧气孔带上被白粉，叶肉中具星状石细胞。头状雄球花序径 6~9 毫米，花序梗长 4~7 毫米。种子椭圆形或倒卵状椭圆形，顶端中央有一小凸尖。

贡山三尖杉

二
级

Cephalotaxus lanceolata

接受名：***Cephalotaxus griffithii***

科属：红豆杉科 三尖杉属

花期：4月　　　生境：阔叶树林中

　　乔木，高达20米，胸径40厘米。树皮紫色，平滑；枝条下垂。叶薄革质，排列成两列，披针形，微弯或直，长4.5~10厘米，宽4~7毫米，上部渐窄，先端呈渐尖的长尖头，基部圆形，上面深绿色，中脉隆起，下面气孔带白色，绿色中脉明显，具短柄。种子倒卵状椭圆形，长3.5~4.5厘米，假种皮熟时绿褐色。

篦子三尖杉
Cephalotaxus oliveri

科属：红豆杉科 三尖杉属
生境：林中

花期：3~4月

常绿灌木。叶条形，螺旋着生，排成二列，紧密，质硬，通常中部以上向上微弯，先端微急尖，基部截形或心脏状截形，近无柄，下延部分之间有明显沟纹，上面微凸，中脉微明显或仅中下部明显，下面有两条白色气孔带。雄球花6~7聚生成头状；雌球花由数对交互对生的苞片组成，有长梗，每苞片腹面基部生2胚珠。种子倒卵圆形或卵圆形。

白豆杉

Pseudotaxus chienii

花期：3~5月

科属：红豆杉科 白豆杉属
生境：阴坡或沟谷山坡林中

灌木，高达 4 米。树皮灰褐色，裂成条片状脱落；一年生小枝圆，褐黄色或黄绿色。叶条形，排列成两列，直或微弯，先端凸尖，基部近圆形，有短柄，两面中脉隆起，上面光绿色，下面有两条白色气孔带，宽约 1.1 毫米，较绿色边带为宽或几等宽。种子卵圆形，上部微扁，顶端有凸起的小尖，成熟时肉质杯状假种皮白色，基部有宿存的苞片。

红豆杉属 (所有种)

Taxus spp.

科属：红豆杉科 红豆杉属
生境：林中、山地

常绿乔木。叶螺旋状着生，条形，常排成二列，下面有两条淡灰色或黄绿色的气孔带；雌雄异株；雌球花几无梗，上部苞片交叉对生，每苞片具 1 枚胚珠；种子当年成熟，坚果状，生于杯状、红色的肉质假种皮中。中国产 5 种 2 变种，所有种均列入《国家重点保护野生植物名录》一级。

1. 灰岩红豆杉 _Taxus calcicola_
2. 密叶红豆杉 _Taxus contorta_
3. 东北红豆杉 _Taxus cuspidata_
4. 川滇红豆杉 _Taxus florinii_
5. 西藏红豆杉 _Taxus wallichiana_
6. 红豆杉 _Taxus wallichiana_ var. _chinensis_
7. 南方红豆杉 _Taxus wallichiana_ var. _mairei_

红豆杉属代表图

东北红豆杉 _Taxus cuspidata_

红豆杉 *Taxus wallichiana* var. *chinensis*

南方红豆杉 *Taxus wallichiana* var. *mairei*

榧树属（所有种）

Torreya spp.

科属：红豆杉科 榧树属
生境：山地林中

排成二列，条形或披针状条形，下面有两条较窄的气孔带；雌雄异株，稀同株；雌球花无梗，苞片交叉对生，每苞片具1枚胚珠；种子翌年成熟，核果状，全包于肉质假种皮中。中国产5种1亚种1变种，所有种均列入《国家重点保护野生植物名录》二级。

1. 大盘山榧 *Torreya dapanshanica*
2. 巴山榧 *Torreya fargesii*
3. 四川榧 *Torreya fargesii* subsp. *parvifolia*
4. 榧 *Torreya grandis*
5. 九龙山榧 *Torreya grandis* var. *jiulongshanensis*
6. 长叶榧 *Torreya jackii*
7. 云南榧 *Torreya yunnanensis*

榧树属代表图

巴山榧 *Torreya fargesii*

榧树属代表图

榧 *Torreya grandis*

云南榧 *Torreya yunnanensis*

百山祖冷杉

Abies beshanzuensis

科属：松科 冷杉属

生境：山地的针阔混交林中　　　　花期：5 月

　　乔木，高 17 米。树皮灰白色，裂成不规则的薄片。一年生枝淡黄或黄灰色。叶长 3.5 厘米，先端有凹缺；树脂道 2，边生或近边生。球果圆柱形，熟前绿或淡黄绿色，熟时淡褐黄或淡褐色；中部种鳞扇状四边形，稀肾状四边形；苞鳞稍短于种鳞，上部宽圆，上端及尖头露出，向外反曲。种子倒三角状，翅与种子近等长。

资源冷杉

Abies beshanzuensis* var. *ziyuanensis

接受名：***Abies ziyuanensis***

科属：松科 冷杉属

花期：5 月　　生境：山地林中

　　常绿乔木。树皮灰白色，一年生枝淡褐黄色，小枝对生。叶在小枝上不规则两列，每一侧一排叶较长，其下方一排叶较短，先端有凹缺，上面深绿色，下面有两条粉白色气孔带。球果熟时绿褐或暗褐色，圆柱状椭圆形；中部种鳞长 2.3~2.5 厘米，宽 3~3.3 厘米；种子连同种翅长 2~2.4 厘米；冬芽圆锥形。

秦岭冷杉
Abies chensiensis

科属：松科 冷杉属

生境：山地

花期：5月

乔木，高达 50 米。叶在枝上列成两列或近两列状，条形，上面深绿色，下面有2条白色气孔带。球果圆柱形或卵状圆柱形，成熟前绿色，熟时褐色，中部种鳞肾形，鳞背露出部分密生短毛；苞鳞长约为种鳞的 3/4，不外露；种子较种翅为长，倒三角状椭圆形，种翅宽大。

梵净山冷杉
Abies fanjingshanensis

科属：松科 冷杉属

花期：5月 生境：山坡林中

　　乔木，高达 22 米。树皮暗灰色。一年生枝红褐色，无毛。叶长 1~4.3 厘米，先端凹缺，上面无气孔带，下面气孔带粉白色。球果圆柱形，熟前紫褐色，熟时深褐色，中部种鳞肾形，鳞背露出部分密被短毛；苞鳞长为种鳞的 4/5，上部宽圆；种子长卵圆形，微扁，种翅褐或灰褐色，连同种子长约 1.5 米。

元宝山冷杉
Abies yuanbaoshanensis

科属：松科 冷杉属

生境：针阔混交林中

花期：5月

　　乔木，高达 25 米。树皮暗红色，龟裂。叶常呈半圆形辐射排列，先端钝有凹缺，下面有两条粉白色气孔带。球果短圆柱形，成熟时淡褐黄色；中部种鳞扇状四边形，外露部分密被灰白色短毛；苞鳞中部较上部宽，与种鳞等长或稍长，明显外露而反曲。种子倒三角状椭圆形，种翅长约为种子 1 倍，倒三角形，淡黑褐色。

银杉 一级

Cathaya argyrophylla

科属：松科 银杉属

花期：5月

生境：山脊或帽状石山顶端

　　常绿乔木。枝有长枝与矩状短枝。叶条形，常多少镰状弯曲，在长枝上疏散生长，近顶端则排列较密；在短枝上密集，近轮状簇生。雌雄同株；雄球花单生于2~4年生枝或更老枝上的叶腋，往往2~3穗邻近而成假轮生；雌球花单生新枝的下部或基部叶腋。球果当年成熟，卵圆形，下垂；种鳞蚌壳状，近圆形。

油杉属 （所有种，铁坚油杉、云南油杉、油杉除外）

Keteleeria spp.(excl. ***K. davidiana*** var.***davidiana***, ***K. evelyniana*** & ***K. fortunei***)

科属：松科 油杉属

生境：山地、丘陵、林中

常绿乔木。叶螺旋状排列，条形，扁平；球果圆柱形，直立，当年成熟；苞鳞长于种鳞，基部苞鳞微露出，先端常三裂。中国产4种5变种，除铁坚油杉、云南油杉、油杉外，其余种列入《国家重点保护野生植物名录》二级。

1. 黄枝油杉 *Keteleeria davidiana* var. *calcarea*
2. 台湾油杉 *Keteleeria davidiana* var. *formosana*
3. 江南油杉 *Keteleeria fortunei* var. *cyclolepis*
4. 矩鳞油杉 *Keteleeria fortunei* var. *oblonga*
5. 海南油杉 *Keteleeria hainanensis*
6. 柔毛油杉 *Keteleeria pubescens*

油杉属代表图

黄枝油杉
Keteleeria davidiana var. *calcarea*

台湾油杉
Keteleeria davidiana var. *formosana*

油杉属代表图

江南油杉
Keteleeria fortunei var. *cyclolepis*

矩鳞油杉
Keteleeria fortunei var. *oblonga*

柔毛油杉 *Keteleeria pubescens*

大果青扦 大果青杆
Picea neoveitchii

科属：松科 云杉属

生境：山地

花期：5 月

常绿乔木。一年生枝淡灰黄色或浅黄灰色，二年生以上枝条灰色。叶螺旋状着生，辐射伸展或枝条下面和两侧的叶向上弯伸，锥形，两侧扁，先端锐尖，横切面纵菱形，四面有气孔线。球果单生侧枝顶端，下垂，矩圆状圆柱形或卵状圆柱形，熟前绿色，后呈褐色；种鳞宽大，倒卵状五角形、斜方状宽卵形，先端宽圆或呈钝三角形；苞鳞小。

大别山五针松

Pinus dabeshanensis

科属：松科 松属

花期：4月

生境：山地、岩石缝间

乔木，高 20 余米，树冠尖塔形。针叶 5 针一束，微弯曲，先端渐尖，仅腹面每侧有 2~4 条灰白色气孔线，横切面三角形。球果圆柱状椭圆形，长约 14 厘米，径约 4.5 厘米；熟时种鳞张开，中部种鳞近长方状倒卵形，上部较宽，下部渐窄；种子淡褐色，倒卵状椭圆形。

兴凯赤松
Pinus densiflora var. *ussuriensis*

科属：松科 松属
生境：湖边沙丘或石砾山坡　　花期：5~6月

　　常绿乔木。树干上部树皮淡褐黄色。一年生枝淡橘黄色或红黄色，微被白粉，无毛；冬芽红褐色。针叶2针一束，长8~12厘米；树脂管6~7个，边生；叶鞘宿存。球果圆锥状卵形，下垂，成熟后淡褐或淡黄褐色；种鳞质肥厚隆起或微隆起；种子长倒卵形或卵圆形，长4~7毫米，种翅淡褐色，长1~1.5厘米。

红松

Pinus koraiensis

科属：松科 松属

花期：6月

生境：组成针阔混交林或成单纯林

常绿乔木。一年生枝密生黄褐色柔毛；冬芽淡红褐色。针叶5针一束，粗硬而直，长6~12厘米；树脂管3个，中生；叶鞘早落。球果大，圆锥状长卵形或圆锥状矩圆形，长9~14厘米，熟后种鳞张开，种子不脱落；种鳞先端向外反曲；种子倒卵状三角形，长1.2~1.6厘米，无翅。

华南五针松
Pinus kwangtungensis

科属：松科 松属

生境：山地针阔混交林中

花期：4~5月

  乔木，高达 30 米，胸径 1.5 米。幼树树皮光滑，老树树皮褐色，裂成不规则的鳞状块片；小枝无毛，一年生枝淡褐色，老枝淡灰褐色或淡黄褐色；冬芽茶褐色，微有树脂。针叶 5 针一束，先端尖，边缘有疏生细锯齿；叶鞘早落。球果杜状矩圆形或圆柱状卵形，通常单生，熟时淡红褐色；种鳞楔状倒卵形，鳞盾菱形，先端边缘较薄；种子椭圆形或倒卵形。

雅加松
Pinus massoniana var. *hainanensis*

二级

科属：松科 松属

花期：4~5月　　生境：山地林中

　　乔木，高达 40 米。树皮红褐色，裂成不规则薄片脱落。枝条每年生长 1 轮。针叶 2 针一束，极稀 3 针一束，细柔，下垂或微下垂，两面有气孔线，边缘有细齿，树脂道 4~7，边生。球果长卵圆形，有短柄，熟时栗褐色，种鳞不张开；鳞盾菱形，微隆起或平，横脊微明显，鳞脐微凹，无刺，稀生于干燥环境时有极短的刺。种子卵圆形。

巧家五针松 五针白皮松
Pinus squamata

科属：松科 松属

生境：山坡　　　　　　　　　　　　花期：4~5月

　　乔木。幼树灰绿色，幼时平滑，老树树皮暗褐色，呈不规则薄片剥落。针叶 5 针一束，两面具气孔线，边缘有细齿，树脂道 3~5，边生，叶鞘早落。成熟球果圆锥状卵圆形；种鳞长圆状椭圆形，熟时张开，鳞盾显著隆起，鳞脐背生，凹陷，无刺，横脊明显。种子长圆形或倒卵圆形，黑色，种翅具黑色纵纹。

长白松

Pinus sylvestris var. *sylvestriformis*

科属：松科 松属

花期：5~6月　　生境：小片纯林或针叶树混交林

　　乔木，高达30米。树皮厚，上部树皮棕黄色或金黄色。针叶2针一束，较细，长4~9厘米，径1~1.5毫米，两面均有气孔线。一年生小球果下垂；球果卵圆形或长卵圆形，熟时淡褐灰色中部种鳞的鳞盾多呈斜方形，多角状肥厚隆起，向后反曲，纵脊、横脊显著，鳞脐小，疣状凸起，有易脱落的短刺。种子长卵圆形或倒卵圆形。

毛枝五针松
Pinus wangii

科属：松科 松属
生境：石灰岩山坡

花期：4~5月

　　乔木，高约 20 米。针叶 5 针一束，粗硬，微内弯，先端急尖，边缘有细锯齿，背面深绿色，横切面三角形，叶鞘早落。球果单生或 2~3 个集生，熟时淡黄褐色或褐色，矩圆状椭圆形或圆柱状长卵圆形；中部种鳞近倒卵形，鳞盾扁菱形，边缘薄，微内曲，鳞脐不肥大，凹下；种子淡褐色，椭圆状卵圆形，两端微尖，种翅偏斜。

金钱松
Pseudolarix amabilis

科属：松科 金钱松属

花期：4月　　生境：针阔混交林中

落叶乔木，高达 60 米。树皮灰褐或灰色；枝有长枝和短枝。叶在长枝上螺旋状排列，在短枝上簇生状，线形，柔软，上部稍宽。雄球花簇生于短枝顶端，雄蕊多数；雌球花单生短枝顶端，直立，苞鳞大，珠鳞小。球果当年成熟，卵圆形，直立；种鳞卵状披针形，先端有凹缺，木质，熟时与果轴一同脱落；苞鳞小，不露出。种子卵圆形，白色。

黄杉属（所有种）
Pseudotsuga spp.

科属：松科 黄杉属
生境：山地、林中

常绿乔木。叶排成二列，条形；球果下垂，卵球形或圆锥状卵形，当年成熟；苞鳞长于种鳞，显著露出，先端三裂。中国产5种，所有种均列入《国家重点保护野生植物名录》二级。

1. 短叶黄杉 *Pseudotsuga brevifolia*
2. 澜沧黄杉 *Pseudotsuga forrestii*
3. 华东黄杉 *Pseudotsuga gaussenii*
4. 黄杉 *Pseudotsuga sinensis*
5. 台湾黄杉 *Pseudotsuga wilsoniana*

黄杉属代表图

短叶黄杉 *Pseudotsuga brevifolia*

黄杉属代表图

澜沧黄杉 *Pseudotsuga forrestii*

黄杉 *Pseudotsuga sinensis*

斑子麻黄
Ephedra rhytidosperma

科属：麻黄科 麻黄属
生境：石地或山地

花期：5月

　　矮小垫状灌木，具短硬多瘤节的木质茎。绿色小枝细短硬直，假轮生呈辐射状排列。叶膜质鞘状，极细小，上部2裂。雄球花在节上对生，无梗，苞片通常仅2~3对；雌球花单生，苞片2对，雌花通常2，胚珠外围的假花被粗糙，珠被管先端斜直或微曲。种子通常2，肉质红色，较苞片为长、椭圆状卵圆形、卵圆形或长圆状卵圆形。

莼菜 *

二级

Brasenia schreberi

科属：莼菜科 莼菜属

花期：6月 生境：池塘或河湖中

　　多年生水生草本。根状茎细瘦，横卧于水底泥中。叶漂浮于水面，椭圆状矩圆形盾状着生于叶柄，全缘，两面无毛。花单生在花梗顶端，直径 1~2 厘米；萼片 3~4，呈花瓣状，条状矩圆形或条状倒卵形，宿存；花瓣 3~4，紫红色，宿存。坚果革质，不裂，有宿存花柱，具 1~2 颗卵形种子。

雪白睡莲 *
Nymphaea candida

科属：睡莲科 睡莲属

生境：池沼中

花期：6 月

　　多年生水生草本。根茎直立或斜升。叶近圆形或卵圆形，基部裂片相接或重叠。花白色，径 10~12 厘米。花梗与叶柄近等长；萼片卵状长圆形，脱落或花后枯萎；花瓣 12~20，白色，卵状长圆形，外轮与萼片等长或稍短，向内渐短；雄蕊多数，柱头辐射状裂片 6~14，深凹。浆果扁平或半球形。

地枫皮
Illicium difengpi

花期：4~5月

科属：五味子科 八角属
生境：有土的石缝中或石山疏林下

　　灌木，高 1~3 米，全株均具八角的芳香气味。叶常 3~5 片聚生或在枝的近顶端簇生，革质，倒披针形或长椭圆形，先端短尖或近圆形，基部楔形，边缘稍外卷，两面密布褐色细小油点。花紫红色或红色，腋生或近顶生，单朵或 2~4 朵簇生；花被片 15~17，肉质。聚合果，蓇葖 9~11 枚，顶端常有向内弯曲的尖头。

大果五味子
Schisandra macrocarpa

科属：五味子科 五味子属

生境：石灰岩山地季雨林中

花期：4~5月

常绿木质藤本。长 5~20 米，雌雄异株或雌雄同株，无毛。单叶，互生；叶片卵状椭圆形或椭圆形，长 10~22 厘米，宽7~12 厘米，近革质，基部圆形或宽楔形，边缘全缘，先端渐尖或短锐尖。花腋生，生于新枝或老枝上，多数 2~5 花簇生；花被片 12~16，浅绿色、浅黄色或黄色；最外层花被片卵形。聚合果，果皮红色，球状，种子扁平椭圆形。

囊花马兜铃 二级

Aristolochia utriformis

接受名：*Isotrema utriforme*

科属：马兜铃科 马兜铃属

花期：4月　　　生境：阔叶林中

　　草质藤本。茎平滑。叶硬纸质或革质，卵状披针形，顶端短尖，基部耳形，叶柄常弯扭。花单生于叶腋，淡黄绿色；花梗常向下弯垂，花被管中部急遽弯曲，下部淡黄色，弯曲处至檐部网脉明显，向上渐收狭；檐部囊状，卵形，不对称，一侧肿胀，前端3裂；子房圆柱形，6棱，密被褐色长柔毛；合蕊柱顶端3裂，裂片钝三角形。

金耳环
Asarum insigne

科属：马兜铃科 细辛属
生境：林下湿地或山坡

花期：3~4月

多年生草本。叶卵形，先端尖或渐尖，基部深耳状，上面中脉两侧细油点，脉上及边缘被柔毛；叶柄被柔毛，芽苞叶卵形，边缘具睫毛。花紫色；花被筒钟状，上部具凸起圆环，内壁具纵皱，喉部窄三角形，无膜环，花被片宽卵形或肾状卵形，中部至基部具白色半圆形垫状斑块；药隔伸出；子房下位，具6棱，花柱6，顶端2裂，柱头侧生。

马蹄香 二级
Saruma henryi

科属：马兜铃科 马蹄香属

花期：4~7月

生境：山谷林下及沟边草丛中

多年生直立草本，茎高 50~100 厘米，被灰棕色短柔毛。叶心形，顶端短渐尖，基部心形，两面和边缘均被柔毛；叶柄被毛。花单生，花梗被毛；萼片心形；花瓣黄绿色，肾心形，基部耳状心形，有爪；雄蕊与花柱近等高，花药长圆形，药隔不伸出；心皮大部离生，花柱不明显，柱头细小。蒴果蓇葖状，成熟时沿腹缝线开裂。种子三角状倒锥形，背面有细密横纹。

风吹楠属（所有种）
Horsfieldia spp.

科属：肉豆蔻科 风吹楠属

生境：平坝疏林或山坡、沟谷密林

乔木。花序疏散，圆锥状；花雌雄异株或同株；花被裂片 3；果卵球形至椭球形，果皮较厚，平滑，假种皮完整，稀顶端微撕裂状。中国产 4 种，所有种均列入《国家重点保护野生植物名录》二级。

1. 风吹楠 *Horsfieldia amygdalina*
2. 海南风吹楠 *Horsfieldia hainanensis*
3. 大叶风吹楠 *Horsfieldia kingii*
4. 滇南风吹楠 *Horsfieldia tetratepala*

风吹楠属代表图

风吹楠 *Horsfieldia amygdalina*

风吹楠属代表图

大叶风吹楠 *Horsfieldia kingii*

云南肉豆蔻
Myristica yunnanensis

秋
9
10
11
12

科属：肉豆蔻科 肉豆蔻属
生境：山坡或沟谷密林中

花期：9~12 月

　　乔木，高达 30 米。叶长圆状披针形，先端短渐尖，基部楔形、宽楔形或近圆，下面密被锈色树枝状绒毛。雄花序 2 歧式或 3 歧式伞形，长小花序具 3~5 花；花序梗粗，密被锈色绒毛；雄花壶形，花被片 3，三角状卵形，暗紫色。果椭圆形，先端偏斜，具小突尖，果皮被密毛。假种皮深红色，撕裂至基部或成条裂状；种子卵状椭圆形。

长蕊木兰

二级

Alcimandra cathcartii

科属：木兰科 长蕊木兰属
生境：山地林中
花期：5月

乔木，高达 50 米，胸径达 50 米。嫩枝被柔毛。叶革质，卵形或椭圆状卵形，先端渐尖或尾状渐尖，基部圆或阔楔形。花白色，佛焰苞状苞片绿色，紧接花被片；花被片 9，有透明油点，具约 9 条脉纹，外轮 3 片长圆形；内两轮倒卵状椭圆形，比外轮稍短小，药隔伸长成短尖；花药内向开裂；雌蕊群圆柱形，具约 30 枚雌蕊。蓇葖扁球形，有白色皮孔。

厚朴

Houpoëa officinalis

接受名：*Houpoea officinalis*

科属：木兰科 厚朴属

生境：山地林间

花期：5~6 月

　　落叶乔木。树皮褐色，不开裂；小枝粗壮，淡黄色。叶大，近革质，7~9 片聚生于枝端，长圆状倒卵形，先端具短急尖或圆钝，基部楔形。花白色，芳香；花被片 9~12，厚肉质，外轮3 片淡绿色，长圆状倒卵形，盛开时常向外反卷，内两轮白色，倒卵状匙形，花盛开时中内轮直立；雄蕊约 72 枚，花丝红色。聚合果长圆状卵圆形；蓇葖具短喙。

长喙厚朴

Houpoëa rostrata

接受名: *Houpoea rostrata*

科属: 木兰科 厚朴属

花期: 5~7月

生境: 山地阔叶林中

　　落叶乔木，高达 25 米。树皮淡灰色。叶坚纸质，7~9 片集生于枝端，倒卵形或宽倒卵形，先端宽圆，具短急尖，上面绿色，下面苍白色。花后叶开放，白色，芳香，花被片 9~12，外轮 3 片粉红色，长圆状椭圆形；内两轮通常 8 片，纯白色，直立，倒卵状匙形；雄蕊群紫红色；雌蕊群圆柱形。聚合果圆柱形，蓇葖具弯曲的喙；种子扁。

大叶木兰
Lirianthe henryi

科属：木兰科 长喙木兰属

生境：常绿阔叶林中

花期：5 月

　　常绿乔木，高可达 20 米。叶革质，倒卵状长圆形，先端圆钝或急尖，基部阔楔形，上面无毛，中脉凸起，下面疏被平伏柔毛。花蕾卵圆形；花被片 9，外轮 3 片绿色，卵状椭圆形，先端钝圆，中内两轮乳白色，厚肉质，倒卵状匙形，内轮 3 片较狭小。聚合果卵状椭圆体形。

馨香木兰 **馨香玉兰** 二级
Lirianthe odoratissima

科属：木兰科 长喙木兰属

花期：5月　　生境：常绿阔叶林

　　常绿乔木。嫩枝密被白色长毛；小枝淡灰褐色。叶革质，卵状椭圆形，椭圆形或长圆状椭圆形，先端渐尖或短急尖，基部楔形或阔楔形；托叶与叶柄连生，托叶痕几达叶柄全长。花直立，花白色，极芳香，花被片9，凹弯，肉质，外轮3片较薄，倒卵形或长圆形，具约9条纵脉纹；中轮3片倒卵形，内轮3片倒卵状匙形；雄蕊约175枚，花药内向开裂。

鹅掌楸 马褂木
Liriodendron chinense

科属：木兰科 鹅掌楸属
生境：山地林中

花期：5 月

　　乔木，高达 40 米，胸径 1 米以上。小枝灰色或灰褐色。叶马褂状，近基部每边具一侧裂片，先端具 2 浅裂，下面苍白色。花杯状，花被片 9，外轮 3 片绿色，萼片状，向外弯垂，内两轮 6 片、直立，花瓣状、倒卵形，绿色，具黄色纵条纹，花期时雌蕊群超出花被之上，心皮黄绿色。聚合果长 7~9 厘米，小坚果具翅，顶端钝或钝尖，具种子 1~2 颗。

香木莲
Manglietia aromatica

花期：5~6月

科属：木兰科 木莲属
生境：山地、丘陵常绿阔叶林中

　　乔木，高达35米。叶薄革质，倒披针状长圆形或倒披针形，先端短渐尖或渐尖，网脉稀疏，干时两面凸起。花梗粗短，果时变长，花被片11~12，白色，4轮，外轮3片近革质，倒卵状长圆形，内轮厚肉质，倒卵状匙形，较大。聚合果鲜红色，近球形或卵状球形，蓇葖基部着生于果托，先腹缝开裂，后背缝开裂。

大叶木莲
Manglietia dandyi

科属：木兰科 木莲属
生境：常绿阔叶林

花期：6 月

　　乔木，高达 30~40 米。叶革质，常 5~6 片集生于枝端，倒卵形，先端短尖，2/3 以下渐狭，基部楔形。花梗粗壮，花被片厚肉质，9~10 片，3 轮，外轮 3 片倒卵状长圆形，内面 2 轮较狭小；雄蕊群被长柔毛；雌蕊群卵圆形，无毛。聚合果卵球形或长圆状卵圆形，蓇葖顶端尖，稍向外弯，沿背缝及腹缝开裂。

落叶木莲
Manglietia decidua

花期：5月

科属：木兰科 木莲属
生境：竹林中

　　落叶乔木，高约 15 米。叶革质、长圆状倒卵形、长圆状椭圆形，先端钝或短尖，基部楔形，上面深绿色，下面粉绿色，边缘微反卷。花蕾具一佛焰苞状苞片；花黄色，花被片 15 片，外轮花被片长圆状椭圆形，向内渐窄，内轮花被片披针形。聚合果卵圆形或近球形，成熟时沿果轴从顶部至基部开裂；蓇葖沿腹缝及几沿背缝全裂。种子红色。

97

大果木莲
Manglietia grandis

科属：木兰科 木莲属
生境：山谷密林中

花期：5月

　　乔木，高达 12 米。叶革质，椭圆状长圆形或倒卵状长圆形，先端钝尖或骤短尖，基部宽楔形，两面无毛。花红色，花被片 12，外轮 3 片较薄，倒卵状长圆形，内 3 轮肉质，倒卵状匙形。聚合果长圆状卵圆形，果柄粗壮，径 1.3 厘米；蓇葖长 3~4 厘米，背缝及腹缝开裂，顶端尖，微内曲。

厚叶木莲
Manglietia pachyphylla

科属：木兰科 木莲属

花期：5月　　　生境：林中

　　乔木，高达 16 米。叶厚革质，倒卵状椭圆形或倒卵状长圆形，先端短急尖，基部楔形，上面深绿色，有光泽，下面浅绿色。花梗粗壮；花芳香，白色，花被片 9，外轮 3 片倒卵形，中轮 3 片倒卵形，肉质，内轮的有时 4 片，倒卵形，肉质，最内一片较狭长；雌蕊群卵圆形。聚合果椭圆体形；蓇葖 38~46 枚，背面有凹沟，顶端有短喙。

毛果木莲

Manglietia ventii

科属：木兰科 木莲属

生境：林中

花期：4~5月

　　常绿乔木，高达 30 米。叶椭圆形，先端短渐尖，基部楔形。花梗长 2~3 厘米；花被片 9，肉质，外轮 3 片倒卵形，外面基部被黄色短柔毛，中内两轮卵形或狭卵形；雌蕊群倒卵状球形。聚合果倒卵状球形或长圆状卵圆形；蓇葖狭椭圆体形，顶端具喙。种子横椭圆形。

香籽含笑 **香子含笑**

Michelia hypolampra

接受名：*Mchelia gioii*

二级

科属：木兰科 含笑属

花期：3~4月　　生境：山坡、沟谷林中

　　乔木，高达21米。叶揉碎有八角气味，倒卵形，先端尖，尖头钝，基部宽楔形，两面鲜绿色，有光泽；叶柄无托叶痕。花芳香，花被片9，3轮，外轮膜质，条形，内两轮肉质，狭椭圆形；雄蕊约25枚；雌蕊群卵圆形，心皮约10枚，狭椭圆体形。聚合果果梗较粗，蓇葖灰黑色，椭圆体形，果瓣质厚，熟时向外反卷，露出白色内皮；种子1~4颗。

广东含笑
Michelia guangdongensis

科属: 木兰科 含笑属

生境: 灌丛、森林

花期: 3月

灌木或小乔木。树皮灰棕色。叶片倒卵状椭圆形至倒卵形，革质，背面具红棕色贴伏长柔毛，正面无毛，基部圆形至宽楔形，边缘稍外卷，先端圆形至短锐尖。花芳香，花被片 9~12，白色，外轮花被片卵状椭圆形，中轮花被片椭圆形至倒卵状椭圆形，内轮花被片椭圆形，雄蕊淡绿色，花丝紫红色，雌蕊群绿色，圆柱状。

石碌含笑
Michelia shiluensis

科属：木兰科 含笑属

花期：3~5月　　生境：山沟、山坡、路旁、水边

　　乔木，高达 18 米，树皮灰色。叶革质，稍坚硬，倒卵状长圆形，先端圆钝，具短尖，基部楔形或宽楔形，上面深绿色，下面粉绿色，无毛，侧脉每边 8~12 条；叶柄具宽沟，无托叶痕。花白色，花被片 9 枚，3 轮，倒卵形；雄蕊花丝红色。聚合果，蓇葖有时仅数个发育，倒卵圆形或倒卵状椭圆体形，顶端具短喙。种子宽椭圆形。

峨眉含笑

Michelia wilsonii

科属：木兰科 含笑属

生境：山区林中

花期：3~5 月

　　乔木，高可达 20 米。叶革质，倒卵形、狭倒卵形，先端短尖或短渐尖，基部楔形或阔楔形，有光泽，下面灰白色。花黄色，芳香；花被片带肉质，9~12 片，倒卵形或倒披针形，内轮的较狭小；雄蕊长 15~20 毫米，花丝绿色；雌蕊群圆柱形。聚合果；蓇葖紫褐色，长圆体形或倒卵圆形，具灰黄色皮孔，顶端具弯曲短喙，成熟后 2 瓣开裂。

圆叶玉兰 **圆叶天女花**

Oyama sinensis

科属：木兰科 天女花属

花期：5~6月　　生境：林间

　　落叶灌木。树皮淡褐色，枝细长。叶纸质，倒卵形、宽倒卵形，先端宽圆。基部圆平截或阔楔形，下面被淡灰黄色长柔毛。花与叶同时开放，钝白色，芳香，杯状，花梗向下弯，悬挂着下垂的花朵；花被片9，外轮3片，卵形或椭圆形，较短小，内两轮较大，宽倒卵形。聚合果红色，长圆状圆柱形，蓇葖狭椭圆体形仅沿背缝开裂。具外弯的喙；种子外种皮鲜红色。

西康天女花 西康玉兰
Oyama wilsonii

科属：木兰科 天女花属

生境：林中

花期：5~6月

　　落叶灌木或小乔木。树皮灰褐色，具明显皮孔。叶纸质，椭圆状卵形或长圆状卵形，先端急尖或渐尖，基部圆或有时稍心形；花与叶同时开放，芳香，初杯状，盛开呈碟状；花梗细长、下垂，被褐色长毛；花被片 9（~12），白色，近相似，宽匙形或倒卵形，顶端圆，基部具短爪；雄蕊多数，紫红色；雌蕊群绿色，卵状圆柱形。聚合果下垂，圆柱形；蓇葖顶端具喙。

华盖木 一级

Pachylarnax sinica

科属：木兰科 厚壁木属

花期：4 月

生境：常绿阔叶林中

　　常绿大乔木，高达 40 米，树皮灰白色。叶革质，窄倒卵形或窄倒卵状椭圆形，先端钝圆，基部窄楔形，两面中脉凸起，无托叶痕。花两性，单生枝顶。花被片 9，3 轮，外轮最大。聚合果倒卵圆形或椭圆形，蓇葖厚木质，腹缝全裂及顶端 2 浅裂。每蓇葖种子 1~3 颗，垂悬于珠柄内抽出丝状木质部螺纹导管上，种子横椭圆形。

峨眉拟单性木兰
Parakmeria omeiensis

科属: 木兰科 拟单性木兰属
生境: 林中

花期: 5月

　　常绿乔木, 高达 25 米。叶革质, 椭圆形或倒卵状椭圆形, 上面深绿色, 有光泽, 下面淡灰绿色。雄花两性花异株; 雄花花被片 12, 外轮 3 片较薄, 淡黄色, 长圆形, 先端圆或钝, 内 3 轮较窄小, 乳白色, 肉质, 倒卵状匙形; 两性花花被片与雄花同, 雌蕊群椭圆形, 心皮 8~12。聚合果倒卵圆形, 种子倒卵圆形, 外种皮红褐色。

云南拟单性木兰
Parakmeria yunnanensis

花期：5月

科属：木兰科 拟单性木兰属
生境：山谷密林中

　　常绿乔木。叶薄革质，卵状长圆形或卵状椭圆形，先端短渐尖或渐尖，基部宽楔形或近圆形，上面绿色，下面淡绿色。雄花与两性花异株，芳香；雄花花被片 12 片，4 轮，外轮红色，到卵形，内 3 轮基部渐窄成爪；雄蕊药隔短尖，花丝红色，花托顶端圆；两性花花被片与雄花同，雄蕊极少。聚合果长圆状卵圆形；蓇葖菱形，背缝开裂。种子扁，外种皮红色。

合果木

Paramichelia baillonii

接受名：***Michelia baillonii***

科属：木兰科 合果木属

生境：山林中

花期：3~5月

　　大乔木，高可达35米。叶椭圆形、卵状椭圆形或披针形，先端渐尖，基部楔形、阔楔形。花芳香，黄色，花被片18~21，每轮6片，外2轮倒披针形，向内渐狭小，内轮披针形；雌蕊群狭卵圆形，心皮完全合生，密被淡黄色柔毛，花柱红色。聚合果肉质，倒卵圆形，椭圆状圆柱形；心皮中脉木质化，扁平，弯钩状，宿存于粗壮的果轴上。

単性木兰 **焕镛木**
Woonyoungia septentrionalis

科属：木兰科 焕镛木属

花期：5~6月　　生境：石灰岩山地林中

　　乔木，高达 18 米。小枝绿色。叶革质，椭圆状长圆形或倒卵状长圆形，先端钝圆微缺，基部宽楔形，无毛，全缘；托叶贴生叶柄，叶柄具托叶痕。雌雄异株，花单生枝顶。雄花花被片 5，白带淡绿色，内凹，外轮 3 片倒卵形，内轮 2 片较小；雄蕊群淡黄色，倒卵圆形，雄蕊多数。聚合果近球形；蓇葖背缝开裂。种子 1~2 颗。

宝华玉兰
Yulania zenii

科属：木兰科 玉兰属

生境：丘陵

花期：3~4月

　　落叶乔木。芽窄卵圆形，被长绢毛。叶倒卵状长圆形或长圆形，先端宽圆具短突尖，基部宽楔形或圆形，下面中脉及侧脉被长弯毛；叶柄初被长柔毛。先叶开花，芳香；花梗密被白长毛；花被片9片，近匙形，先端圆或稍尖，白色，中下部淡紫红色，内轮较窄小；雄蕊花丝紫色；雌蕊群圆柱形。聚合果圆柱形；蓇葖近球形，被疣点状突起，顶端钝圆。

蕉木 二级

Chieniodendron hainanense

科属：番荔枝科 蕉木属

花期：4~12月

生境：山谷、水边、密林中

　　乔木，高 6~16 米。叶薄纸质，矩圆形或矩圆状披针形。花黄褐色，1~2 朵腋生或腋外生；萼片 3，卵状三角形；花瓣 6，2 轮，镊合状排列，内外轮相似，外轮花瓣较大，内轮花瓣厚而短；雄蕊多数；药隔顶端近截形；心皮约 10 枚，柱头棍棒状，顶端全缘，柱头与子房间有明显紧缩的界线。果矩圆筒形或倒卵形，在种子间有缢纹。

文采木 囊瓣亮花木、亮花假鹰爪
Wangia saccopetaloides

科属：番荔枝科 文采木属
生境：云南西南部的山地林中　　花期：5~6月

　　落叶乔木，高约6米。叶膜质，长圆形或椭圆形，叶面除中脉被微毛外无毛；叶柄上面有槽。花绿黄色，单朵与叶对生；花梗长2.2厘米，被疏微毛；苞片极小，披针形；萼片三角状卵形，外面被锈色柔毛，内面无毛；外轮花瓣小，三角状卵形，内轮花瓣大，卵状长圆形或阔披针形，外面被短柔毛，内面被毛更密；果倒卵状椭圆形至长圆状线形。

夏蜡梅
Calycanthus chinensis

科属：**蜡梅科 夏蜡梅属**

花期：5 月

生境：**山地沟边林荫下**

　　灌木，高 1~3 米。小枝对生。叶宽卵状椭圆形、卵圆形或倒卵形，叶缘全缘或有不规则的细齿，叶面有光泽。花无香气；苞片 5~7 个；花被片螺旋状着生于杯状或坛状的花托上，外面的花被片 12~14，倒卵形，白色，边缘淡紫红色，有脉纹；内面的花被片 9~12，椭圆形，中部以上淡黄色，中部以下白色，内面基部有淡紫红色斑纹。果托钟状，瘦果长圆形。

莲叶桐

Hernandia nymphaeifolia

科属：莲叶桐科 莲叶桐属

生境：海滩上

花期：4~5月

　　绿乔木。树皮光滑。单叶互生，心状圆形，盾状，先端急尖，基部圆形至心形，纸质，全缘；叶柄几与叶片等长。聚伞花序或圆锥，花序腋生；每个聚伞花序具苞片4。花单性同株，两侧为雄花，具短的小花梗；花被片6，排列成2轮；雄蕊3；中央的为雌花，无小花梗，花被片8，2轮。果为膨大总苞所包被，肉质，具肋状凸起；种子1粒，球形，种皮厚而坚硬。

油丹 二级

Alseodaphne hainanensis

科属：樟科 油丹属

花期：7月 生境：山谷及密林中

　　常绿乔木，高达 25 米。叶近轮生，革质，长椭圆形，先端圆钝，边缘反卷，上面绿色并有光泽，并有蜂窝状浅窝，下面苍白色，具羽状脉，中脉在上面显著凹下，侧脉 12~17 对，纤细；叶柄长 1~1.5 厘米。花两性，圆锥花序腋生或近顶生；花被片 6，近相等或外轮 3 片较小，果时完全脱落；能育雄蕊 9，退化雄蕊 3。果实球形，无果托，具膨大肉质的果梗。

皱皮油丹
Alseodaphne rugosa

科属：樟科 油丹属
生境：林谷混交林中

花期：7月

　　乔木，高达 12 米。小枝圆柱形，粗壮，具皱纹，近梢端有密集的叶痕。叶着生于枝梢，密集而近于轮生，长圆状倒卵形或长圆状倒披针形，先端短渐尖，基部楔形，革质，上面干时浅棕色，光亮，下面绿白色，中脉浅棕色，上面凹陷，下面明显凸起，浅棕色，细脉显著，网状，叶柄粗壮。果序近顶生，果扁球形，鲜时肉质，红色，多疣。

茶果樟

Cinnamomum chago

科属：樟科 樟属

花期：4~5月　　生境：山坡或沟谷中

　　乔木。叶近对生或互生，革质，叶形多变，常为狭椭圆状披针形，有时卵形，先端骤尖或渐尖，基部楔形。花黄绿色；花被片一般 6 枚，两轮排列，肉质肥厚，内面具白色柔毛；雄蕊 12 枚，4 轮，1~3 轮为能育雄蕊，位于最内轮的是不育雄蕊；子房卵圆形，柱头盘状。果近球形，成熟时长约 3 厘米。

天竺桂 <small>普陀樟</small>
Cinnamomum japonicum

科属：樟科 樟属

生境：常绿阔叶林中

花期：4~5月

　　常绿乔木，高 10~15 米。枝条细弱，具香气。叶近对生或在枝条上部者互生，卵圆状长圆形至长圆状披针形，先端锐尖至渐尖，基部宽楔形或钝形，革质，上面绿色，光亮。圆锥花序腋生。花被筒倒锥形，短小，花被裂片 6，卵圆形，先端锐尖。能育雄蕊 9，内藏。退化雄蕊 3，位于最内轮。子房卵珠形，花柱稍长于子房，柱头盘状。果长圆形，无毛。

油樟 二级

Cinnamomum longepaniculatum

科属：樟科 樟属

花期：5~6月

生境：常绿阔叶林中

　　乔木，高达 20 米。树皮灰色，平滑。叶卵形或椭圆形，先端骤短渐尖或长渐尖，常镰形，基部楔形或近圆。两面无毛，边缘内卷，侧脉 4~5 对。花序长达 20 厘米，多花密集，花被筒倒锥形，花被片卵形，内面密被白色丝状柔毛及腺点；能育雄蕊长 1.5~1.8 毫米，退化雄蕊长约 1 毫米，被白柔毛。果球形，无毛果托高 5 毫米，顶端盘状。

卵叶桂
Cinnamomum rigidissimum

科属：樟科 樟属
生境：林中沿溪边

花期：5~6 月

　　乔木，高 3~22 米。树皮褐色。枝条圆柱形，有松脂的香气。叶对生，卵圆形、阔卵形或椭圆形，先端钝或急尖，基部宽楔形、钝至近圆形，革质或硬革质，上面绿色，下面淡绿色，离基三出脉；叶柄扁平而宽，腹面略具沟。花序近伞形，生于当年生枝的叶腋内，有花 3~7 朵。成熟果卵球形，乳黄色；果托浅杯状，顶端截形，淡绿至绿蓝色。

润楠

Machilus nanmu

科属：樟科 润楠属
生境：山地阔叶林中

花期：3~5月

　　乔木，通常高 8~20 米。叶薄革质，倒卵状阔披针形或长圆状倒披针形，先端渐尖或短尖，基部楔形，不下延，下面被黄褐色短柔毛；叶柄粗。圆锥花序生于新枝下部，被黄色或灰白色柔毛，在最末端分枝；花小，花梗与花近等长；花被片近相等，卵圆形，花后伸长，为近长圆形，两面被柔毛或绢状毛，外面毛被较密。果卵形，果梗略增粗，宿存花被片变硬，革质。

舟山新木姜子
Neolitsea sericea

科属：樟科 新木姜子属
生境：山坡林中

花期：9~10月

　　乔木，高达 10 米。幼枝密被黄色绢状柔毛，老时脱落无毛。叶互生，椭圆形或披针状椭圆形，先端短渐钝尖，基部楔形，幼叶两面密被黄色绢毛，离基三出脉，侧脉 4~5 对，最下 1 对侧脉离叶基部 0.6~1 厘米；叶柄粗。伞形花序簇生，无梗。雄花序具 5 花；花梗长 3~6 毫米，密被长柔毛；花被片椭圆形；花丝基部被长柔毛。果球形；果托浅盘状。

闽楠

Phoebe bournei

二级

花期：4 月

科属：樟科 楠属

生境：常绿阔叶林中

乔木，高达 20 米。老树皮灰白色，幼树带黄褐色。小枝被毛或近无毛。叶披针形或倒披针形，先端渐尖，基部窄楔形，下面被短柔毛，脉上被长柔毛，有时具缘毛，侧脉 10~14 对，横脉及细脉在下面结成网格状。圆锥花序长 3~7 厘米，常 3 个。花被片卵形，两面被毛；雄蕊花丝被毛，第 3 轮花丝基部腺体无柄。果椭圆形或长圆形，宿存花被片紧贴，被毛。

浙江楠
Phoebe chekiangensis

科属：樟科 楠属
生境：丘陵沟谷或山坡林中

花期：4~5月

　　乔木，高达 20 米。树皮淡黄褐色，薄片脱落。小枝具棱。叶倒卵状椭圆形或倒卵状披针形，稀披针形，先端渐尖，基部楔形或近圆，上面幼时被毛，后无毛，下面被灰褐色柔毛，脉上被长柔毛，上面中脉及侧脉凹下；叶柄长 1~1.5 厘米，被毛。圆锥花序长 5~10 厘米，被毛。花被片两面被毛；花丝被毛。果椭圆状卵圆形，被白粉；宿存花被片革质，紧贴。

细叶楠

Phoebe hui

二级

科属：樟科 楠属

花期：4~5月　　生境：密林中

　　乔木，高达 25 米。树皮暗灰色，平滑。小枝细。叶椭圆形、椭圆状倒披针形或椭圆状披针形，先端多尾尖，基部窄楔形，上面无毛或沿中脉被柔毛，下面密被平伏灰白色柔毛，中脉细，侧脉 10~12 对，纤细，横脉及细脉在下面不明显；叶柄长 0.6~1.6 厘米，被毛。圆锥花序。花被片两面密被灰白色长柔毛；能育雄蕊花丝被毛。果椭圆形，果柄不增粗。

楠木
Phoebe zhennan

科属：樟科 楠属

生境：湿润沟谷及溪边

花期：4~5月

　　乔木，高达 30 米。小枝被黄褐或灰褐色柔毛。叶椭圆形，稀披针形或倒披针形，先端渐尖或尾尖，基部楔形，上面无毛或沿中脉下部被柔毛，下面密被短柔毛，脉上被长柔毛，横脉及细脉在下面稍明显，不结成网格状，侧脉 8~13 对；叶柄被毛。聚伞状圆锥花序开展。花被片两面被黄色毛；花丝被毛。果椭圆形；果柄稍粗；宿存花被片紧贴，两面被毛。

孔药楠

Sinopora hongkongensis

花期：10月

科属：樟科 油果樟属
生境：常绿阔叶林中

乔木，高达 16 米。小枝红棕色。叶柄纤细；叶片背面淡绿色，正面深绿色，椭圆形，革质，基部楔形，不对称，边缘全缘。花序短梗，纤细，被绒毛；小苞片线形，花梗 2~4 毫米，花淡绿黄色。花被片 6，被浓密绒毛。雄蕊 6，退化雄蕊 6，花柱基部有毛。果淡黄棕色，果皮木质。

二级

长喙毛茛泽泻 * 毛茛泽泻
Ranalisma rostrata

科属：泽泻科 毛茛泽泻属

生境：沼泽中

花期：8~9月

多年生沼生植物。具纤匐枝。叶基生；叶柄细，基部鞘状；叶片宽椭圆形或卵状椭圆形，膜质，顶端锐尖，基部心形或钝，具纤毛。花葶直立，有花 1~3 朵；苞片 2；外轮花被片 3，萼片状，宽椭圆形；内轮花被片 3，花瓣状；花托凸出成球形，花后伸长；雄蕊 9，长花被片的 1/2；心皮多数，分离，花柱长喙状。瘦果两侧压扁，周围有薄翅，具长喙状宿存花柱。

130

6 7 8 9 夏
春 秋
冬

浮叶慈姑 **浮叶慈菇** * 二级

Sagittaria natans

科属：泽泻科 慈姑属

花期：6~9月　　生境：池塘、沟渠等流水中

　　多年生或一年生水生浮叶草本。叶基生，沉水或浮水；沉水叶叶柄状；浮水叶线形、披针形、心形或箭形。花单性，稀两性；花序总状，花 2~6 轮，下部 1~2 轮为雌花，余为雄花；苞片 3，披针形，离生。雄花萼片卵形，通常反折；花瓣白色，倒卵形，长约为萼片 2 倍；雄蕊多数，花药黄色。雌花萼片及花瓣与雄花相似；心皮多数，两侧压扁。瘦果两侧压扁。

海菜花属 *（所有种）
Ottelia spp.

科属：水鳖科 海菜花属

生境：河流、溪流、湖泊、水塘

沉水草本。叶基生，具长柄，叶片条形至卵形；花两性或单性，开放时浮出水面，花瓣白色；果实长圆柱形、纺锤形或圆锥形。中国产8种3变种，所有种均列入《国家重点保护野生植物名录》二级。

1. 海菜花 *Ottelia acuminata*

2. 波叶海菜花 *Ottelia acuminata* var. *crispa*

3. 靖西海菜花 *Ottelia acuminata* var. *jingxiensis*

4. 路南海菜花 *Ottelia acuminata* var. *lunanensis*

5. 龙舌草 *Ottelia alismoides*

6. 贵州水车前 *Ottelia balansae*

7. 水菜花 *Ottelia cordata*

8. 出水水菜花 *Ottelia emersa*

9. 凤山水车前 *Ottelia fengshanensis*

10. 灌阳水车前 *Ottelia guanyangensis*

11. 嵩明海菜花 *Ottelia songmingensis*

海菜花属代表图

海菜花 *Ottelia acuminata*

波叶海菜花
Ottelia acuminata var. *crispa*

海菜花属代表图

靖西海菜花
Ottelia acuminata* var. *jingxiensis

路南海菜花
Ottelia acuminata* var. *lunanensis

龙舌草 *Ottelia alismoides*

贵州水车前 *Ottelia balansae*

水菜花 *Ottelia cordata*

冰沼草 *
Scheuchzeria palustris

科属：冰沼草科 冰沼草属
生境：沼泽

花期：6~7月

　　多年生草本。短根状茎上的匍匐茎长 15~30 厘米。基生叶直立而相互紧靠，长 20~30 厘米；茎生叶长 2~13 厘米；叶舌长 3~5 毫米。花葶高 12~30 厘米，无毛；开花时花柄长 2~4 毫米，果柄长 6~22 毫米。蓇葖果几无喙，长 5~7 毫米。种子长 3~4 毫米。

芒苞草
Acanthochlamys bracteata

科属：翡若翠科 芒苞草属

花期：6月　　生境：干旱河谷灌丛、亚高山草甸

　　植株高 1.5~5 厘米，密丛生。叶近直立，腹背面均具一纵沟，腹面沟明显较宽而深，老叶则多少中空；鞘披针形，浅棕色，老时常破裂。聚伞花序缩短成头状，外形近扫帚状，花红色或紫红色；苞片宿存，具近革质的浅棕色的鞘；花被外轮裂片卵形，顶端钝或急尖，具 3 脉；内轮裂片卵形，较小，略比外轮的狭。蒴果顶端海绵质且呈白色，喙长约 1 毫米。

重楼属 * (所有种，北重楼除外)
Paris spp. (excl. *P. verticillata*)

科属：藜芦科 重楼属

生境：林下、竹林、灌丛中、沟边

多年生草本。具肉质根状茎，圆柱状，生有环节；叶 4 至多枚轮生于茎顶，花单生于叶轮中央；花被片排成二轮，每轮 3~10 枚，离生；外轮花被片叶状，绿色，内轮花被片条形；雄蕊与花被片同数；子房 4~10 室，有多数胚珠；蒴果或浆果状蒴果，光滑或具棱。中国产 32 种 14 变种，除北重楼外，其余种均列入《国家重点保护野生植物名录》二级。

1. 五指莲重楼 *Paris axialis*

2. 巴山重楼 *Paris bashanensis*

3. 高平重楼 *Paris caobangensis*

4. 漕涧重楼 *Paris caojianensis*

5. 凌云重楼 *Paris cronquistii*

6. 西畴重楼 *Paris cronquistii* var. *xichouensis*

7. 大理重楼 *Paris daliensis*

8. 金线重楼 *Paris delavayi*

9. 独龙重楼 *Paris dulongensis*

10. 海南重楼 *Paris dunniana*

11. 球药隔重楼 *Paris fargesii*

12. 具柄重楼 *Paris fargesii* var. *petiolata*

13. 长柱重楼 *Paris forrestii*

14. 贵州重楼 *Paris guizhouensis*

15. 李恒重楼 *Paris lihengiana*

16. 禄劝花叶重楼 *Paris luquanensis*

17. 毛重楼 *Paris mairei*

18. 花叶重楼 *Paris marmorata*

19. 亮叶重楼 *Paris nitida*

20. 多蕊重楼 *Paris polyandra*

21. 七叶一枝花 *Paris polyphylla*

22. 白花重楼 *Paris polyphylla* var. *alba*

23. 华重楼 *Paris polyphylla* var. *chinensis*

24. 峨眉重楼 *Paris polyphylla* var. *emeiensis*

25. 广东重楼 *Paris polyphylla* var. *kwantungensis*

26. 宽叶重楼 *Paris polyphylla* var. *latifolia*

27. 小重楼 *Paris polyphylla* var. *minor*

28. 矮重楼 *Paris polyphylla* var. *nana*

29. 攀西重楼 *Paris polyphylla* var. *panxiensis*

30. 长药隔重楼 *Paris polyphylla* var. *pseudothibetica*

31. 狭叶重楼 *Paris polyphylla* var. *stenophylla*

32. 滇重楼 *Paris polyphylla* var. *yunnanensis*

33. 启良重楼 *Paris qiliangiana*

34. 四叶重楼 *Paris quadrifolia*

35. 皱叶重楼 *Paris rugosa*

36. 药山重楼 *Paris stigmatosa*

37. 腾冲重楼 *Paris tengchongensis*

38. 黑籽重楼 *Paris thibetica*

39. 无瓣黑籽重楼 *Paris thibetica* var. *apetala*

40. 卷瓣重楼 *Paris undulata*

41. 平伐重楼 *Paris vaniotii*

42. 多变重楼 *Paris variabilis*

43. 南重楼 *Paris vietnamensis*

44. 文县重楼 *Paris wenxianensis*

45. 云龙重楼 *Paris yanchii*

重楼属代表图

巴山重楼 *Paris bashanensis*

金线重楼 *Paris delavayi*

亮叶重楼 *Paris nitida*

七叶一枝花 *Paris polyphylla*

黑籽重楼 *Paris thibetica*

南重楼 *Paris vietnamensis*

荞麦叶大百合 *
Cardiocrinum cathayanum

科属：百合科 大百合属
花期：7~8月
生境：山坡林下阴湿处

多年生草本。茎高达 1.5 米，径 1~2 厘米；叶纸质，卵状心形或卵形，长 10~22 厘米，宽 6~16 厘米，基部心形，具网状脉，叶柄长 6~20 厘米，基部宽；花梗粗短，每花具 1 苞片，苞片长圆状披针形，长 4~5.5 厘米；蒴果近球形，长 4~5 厘米，成熟时红棕色。

二级

贝母属 *（所有种）
Fritillaria spp.

科属：百合科 贝母属

生境：林下、山坡草甸、流石滩

多年生草本。鳞茎由白粉质的鳞片组成，鳞片或 2~3 枚而呈贝壳状，或多枚而呈米粒状。叶基生和茎生，先端卷曲或不卷曲。花通常钟形，俯垂，单朵顶生或多朵排成总状花序或伞形花序；花被片 6，离生；雄蕊 6；子房 3 室，每室有 2 纵列胚珠。蒴果具 6 棱，棱上常有翅。中国产 25 种 3 变种，所有种均列入《国家重点保护野生植物名录》二级。

1. 安徽贝母 *Fritillaria anhuiensis*

2. 川贝母 *Fritillaria cirrhosa*

3. 粗茎贝母 *Fritillaria crassicaulis*

4. 大金贝母 *Fritillaria dajinensis*

5. 米贝母 *Fritillaria davidii*

6. 梭砂贝母 *Fritillaria delavayi*

7. 高山贝母 *Fritillaria fusca*

8. 砂贝母 *Fritillaria karelinii*

9. 轮叶贝母 *Fritillaria maximowiczii*

10. 阿尔泰贝母 *Fritillaria meleagris*

11. 额敏贝母 *Fritillaria meleagroides*

12. 天目贝母 *Fritillaria monantha*

13. 伊贝母 *Fritillaria pallidiflora*

14. 甘肃贝母 *Fritillaria przewalskii*

15. 华西贝母 *Fritillaria sichuanica*

16. 中华贝母 *Fritillaria sinica*

17. 太白贝母 *Fritillaria taipaiensis*

18. 浙贝母 *Fritillaria thunbergii*

19. 东贝母 *Fritillaria thunbergii* var. *chekiangensis*

20. 托星贝母 *Fritillaria tortifolia*

21. 暗紫贝母 *Fritillaria unibracteata*

22. 长腺贝母 *Fritillaria unibracteata* var. *longinectarea*

23. 瓦布贝母 *Fritillaria unibracteata* var. *wabuensis*

24. 平贝母 *Fritillaria ussuriensis*

25. 黄花贝母 *Fritillaria verticillata*

26. 新疆贝母 *Fritillaria walujewii*

27. 裕民贝母 *Fritillaria yuminensis*

28. 榆中贝母 *Fritillaria yuzhongensis*

贝母属代表图

安徽贝母 *Fritillaria anhuiensis*

川贝母 *Fritillaria cirrhosa*

大金贝母 *Fritillaria dajinensis*

梭砂贝母 *Fritillaria delavayi*

贝母属代表图

高山贝母 *Fritillaria fusca*

轮叶贝母 *Fritillaria maximowiczii*

天目贝母 *Fritillaria monantha*

伊贝母 *Fritillaria pallidiflora*

太白贝母 *Fritillaria taipaiensis*

平贝母 *Fritillaria ussuriensis*

秀丽百合 *
Lilium amabile

科属：百合科 百合属

花期：7月　　生境：山坡林下

多年生草本。鳞茎卵球形球状；鳞片白色，披针形或披针形卵形。茎高 40~80 厘米，具白色的短硬毛。叶散生，狭披针形，两面具浓密的白色硬毛，边缘具缘毛。花单生或 3 个，下垂。花被片强烈外卷，花红色，有时橙红色或黄色，带有浓密黑色斑点，长 3.5~5 厘米；外轮花被片宽 8~10 毫米，内部花被片宽 1.4~1.6 厘米。

二级

绿花百合 *
Lilium fargesii

科属：百合科 百合属

生境：山坡林下

花期：7~8 月

多年生草本。鳞茎卵圆状球形，鳞片披针形，顶端钝。茎高 20~60 厘米，具细小突起。叶散生、条形、两面无毛，具 1 条脉。花通常单生，有时 2~6 朵，下垂；花被片 6，矩圆形，绿白色，反卷，具紫色斑点；蜜腺两边具鸡冠状突起。蒴果卵形或矩圆形，长 2 厘米。

乳头百合 *
Lilium papilliferum

二级

科属：百合科 百合属

花期：7月　　生境：山坡灌丛中

　　多年生草本。鳞茎卵圆形，鳞片卵形或披针状卵形，白色。茎高约 60 厘米，带紫色，密生小乳头状突起。叶多数，散生，着生于中上部，条形，先端急尖，中脉明显。总状花序有花 5 朵；苞片叶状；花梗长 4.5~5 厘米；花芳香，下垂，紫红色，花被片矩圆形，先端急尖，基部稍狭，蜜腺两边有乳头状突起和鸡冠状突起。蒴果矩圆形。

青岛百合 *
Lilium tsingtauense

科属：百合科 百合属
生境：阳坡、林内或草丛中

花期：6 月

多年生草本。鳞茎近球形，鳞茎瓣披针形，白色。茎直立，高 0.5~1 米，无毛。叶在茎中部者 5~7 枚，呈 1 或 2 轮，其余均为少数散生，矩圆状披针形，两面无毛。花单生于茎的顶端或 2~7 朵排列成总状花序，橙黄色；花被片 6、矩圆状披针形，具淡紫色斑点；蜜腺两边无乳头状突起；花柱比子房长 2 倍多；柱头膨大，常 3 裂。

（所有种）郁金香属 *

二级

Tulipa spp.

科属：百合科 郁金香属
生境：灌丛、草原、山坡多砾石处

多年生草本，具鳞茎。叶基生和茎生，通常2~4枚；花较大，通常单朵顶生，花被钟状或漏斗形钟状；花被片6，离生；雄蕊6；子房3室；胚珠多数；蒴果室背开裂。中国产16种1亚种1变种，所有种均列入《国家重点保护野生植物名录》二级。

1. 阿尔泰郁金香 *Tulipa altaica*

2. 柔毛郁金香 *Tulipa biflora*

3. 毛蕊郁金香 *Tulipa dasystemon*

4. 异瓣郁金香 *Tulipa heteropetala*

5. 异叶郁金香 *Tulipa heterophylla*

6. 伊犁郁金香 *Tulipa iliensis*

7. 迟花郁金香 *Tulipa kolpakowskiana*

8. 内蒙郁金香 *Tulipa mongolica*

9. 垂蕾郁金香 *Tulipa patens*

10. 新疆郁金香 *Tulipa sinkiangensis*

11. 准噶尔郁金香 *Tulipa suaveolens*

12. 林生郁金香 *Tulipa sylvestris*

13. 广布郁金香 *Tulipa sylvestris* subsp. *australis*

14. 塔城郁金香 *Tulipa tarbagataica*

15. 四叶郁金香 *Tulipa tetraphylla*

16. 天山郁金香 *Tulipa thianschanica*

17. 赛里木湖郁金香 *Tulipa thianschanica* var. *sailimuensis*

18. 单花郁金香 *Tulipa uniflora*

郁金香属代表图

阿尔泰郁金香 *Tulipa altaica*

柔毛郁金香 *Tulipa biflora*

毛蕊郁金香 *Tulipa dasystemon*

异瓣郁金香 *Tulipa heteropetala*

异叶郁金香 *Tulipa heterophylla*

伊犁郁金香 *Tulipa iliensis*

香花指甲兰

Aerides odorata

二级

科属：兰科 指甲兰属

花期：5月　　生境：山地林中树干上

　　附生草本。茎粗壮。叶厚革质，宽带状，先端钝并且不等侧2裂，基部具关节和鞘。总状花序下垂，近等长或长于叶密生许多花，花小，芳香，白色带粉红色。花苞片宽卵形，比具柄的子房短得多，先端钝；中萼片椭圆形，先端圆钝，具4~5条主脉；侧萼片基部贴生在蕊柱足上，宽卵形。

金线兰属 *（所有种）

Anoectochilus spp.

科属：兰科 金线兰属

生境：阴湿林下、竹林内、石缝

地生兰。叶片上常具杂色的脉网或脉纹；唇瓣基部与蕊柱贴生；距为球形的囊或圆锥状；蕊柱短，前面两侧具附属物；花粉团 2 个，棒状；蕊喙常直立，叉状 2 裂；柱头 2。中国产 20 种，所有种均列入《国家重点保护野生植物名录》二级。

1. 泰国金线兰 *Anoectochilus albolineatus*

2. 保亭金线兰 *Anoectochilus baotingensis*

3. 短唇金线兰 *Anoectochilus brevilabris*

4. 滇南开唇兰 *Anoectochilus burmannicus*

5. 灰岩金线兰 *Anoectochilus calcareus*

6. 滇越金线兰 *Anoectochilus chapaensis*

7. 高金线兰 *Anoectochilus elatus*

8. 峨眉金线兰 *Anoectochilus emeiensis*

9. 台湾银线兰 *Anoectochilus formosanus*

10. 海南开唇兰 *Anoectochilus hainanensis*

11. 恒春银线兰 *Anoectochilus koshunensis*

12. 长裂片金线兰 *Anoectochilus longilobus*

13. 丽蕾金线兰 *Anoectochilus lylei*

14. 麻栗坡金线兰 *Anoectochilus malipoensis*

15. 墨脱金线兰 *Anoectochilus medogensis*

16. 南丹金线兰 *Anoectochilus nandanensis*

17. 乳突金线兰 *Anoectochilus papillosus*

18. 屏边金线兰 *Anoectochilus pingbianensis*

19. 金线兰 *Anoectochilus roxburghii*

20. 兴仁金线兰 *Anoectochilus xingrenensis*

21. 浙江金线兰 *Anoectochilus zhejiangensis*

金线兰属代表图

滇南开唇兰
Anoectochilus burmannicus

峨眉金线兰
Anoectochilus emeiensis

台湾银线兰
Anoectochilus formosanus

恒春银线兰
Anoectochilus koshunensis

麻栗坡金线兰
Anoectochilus malipoensis

金线兰
Anoectochilus roxburghii

金线兰属代表图

浙江金线兰 *Anoectochilus zhejiangensis*

白及 *

Bletilla striata

科属：兰科 白及属

花期：4~5月　　生境：常绿阔叶林、针叶林下

　　地生草本。叶片 4~6 枚，窄长圆形或披针形。花序具 3~10 花；花紫红或淡红色，唇瓣倒卵状椭圆形，白色带紫红色，唇盘具 5 条纵褶片。

美花卷瓣兰
Bulbophyllum rothschildianum

科属：兰科 石豆兰属

生境：山地密林中树干上

花期：9~12 月

附生草本，顶生 1 枚叶。叶厚革质，近椭圆形。伞形花序具 4~6 朵花，花淡紫红色，萼片长可达 15~19 厘米，唇瓣肉质。

大黄花虾脊兰

Calanthe striata var. *sieboldii*

接受名：*Calanthe sieboldi*

科属：兰科 虾脊兰属

花期：2~3月　　生境：山地林下

　　地生草本。叶片 2~3 枚，宽椭圆形。花莛具 10 余朵花；花黄色，唇瓣 3 深裂，上面具 3 条较长的褶片和 2 条短的褶片。

独花兰
Changnienia amoena

科属：兰科 独花兰属
生境：疏林下腐殖质丰富土壤上

花期：4月

假鳞茎近椭圆形或宽卵球形，肉质，近淡黄白色。叶1枚，宽卵状椭圆形至宽椭圆形，先端急尖或短渐尖，基部圆形或近截形，背面紫红色。花葶紫色，具2枚鞘；花大，白色而带肉红色或淡紫色晕，唇瓣有紫红色斑点；萼片长圆状披针形，有5~7脉；侧萼片稍斜歪；花瓣狭倒卵状披针形，先端钝，具7脉；唇瓣略短于花瓣，3裂，基部有距。

大理铠兰
Corybas taliensis

二级

科属：兰科 铠兰属

花期：9月

生境：高海拔的林下

　　茎近球形。茎纤细。叶1枚，生于茎上端，心形至宽卵形，先端短渐尖，基部无柄，抱茎，具浅色网状脉。花苞片线状披针形；花单朵，带紫色；中萼片直立，匙形，兜状，先端近圆形并有细尖，具5~7条细脉；侧萼片与花瓣相似，狭线形或钻状；唇瓣近倒卵圆形，下部直立，上部外弯，中央有1条半圆形、稍肉质的褶片，基部有1个大的胼胝体；距2个，角状。

杜鹃兰
Cremastra appendiculata

科属：兰科 杜鹃兰属
生境：林下湿地或沟边湿地

花期：5~6月

　　地生草本。叶常 1 枚，窄椭圆形或倒披针状窄椭圆形。花葶具 5~22 花，花常偏向一侧，多少下垂，有香气，窄钟形，淡紫褐色。

兰属

（所有种，被列入一级保护的美花兰和文山红柱兰除外。兔耳兰未列入名录）

Cymbidium spp. (excl. *C. insigne, C. wenshanense, C. lancifolium*)

科属：兰科 兰属

生境：林下、树上或溪边岩壁

地生或附生兰，罕有腐生兰；通常具假鳞茎；叶数枚至多枚，通常生于假鳞茎基部或下部节上，2 列；花葶侧生或发自假鳞茎基部；花苞片在花期不落；唇瓣 3 裂，基部有时与蕊柱合生；侧裂片常围抱蕊柱，中裂片一般外弯；唇盘上有 2 条纵褶片；蕊柱较长，常向前弯曲，两侧有翅，腹面凹陷或有时具短毛。中国产 55 种 1 变种 3 天然杂交种，除美花兰、文山红柱兰、兔耳兰外，其余种列入《国家重点保护野生植物名录》二级。

1. 纹瓣兰 *Cymbidium aloifolium*

2. 黑唇兰 *Cymbidium atrolabium*

3. 椰香兰 *Cymbidium atropurpureum*

4. 保山兰 *Cymbidium baoshanense*

5. 两季兰 *Cymbidium biflorens*

6. 小蕙兰 *Cymbidium brevifolium*

7. 垂花兰 *Cymbidium cochleare*

8. 钟花兰 *Cymbidium codonanthum*

9. 丽花兰 *Cymbidium concinnum*

10. 莎叶兰 *Cymbidium cyperifolium*

11. 送春 *Cymbidium cyperifolium* var. *szechuanicum*

12. 大围山兰 *Cymbidium daweishanense*

13. 冬凤兰 *Cymbidium dayanum*

14. 落叶兰 *Cymbidium defoliatum*

15. 福兰 *Cymbidium devonianum*

16. 云南多花兰 *Cymbidium dianlan*

17. 独占春 *Cymbidium eburneum*

18. 莎草兰 *Cymbidium elegans*

19. 建兰 *Cymbidium ensifolium*

20. 长叶兰 *Cymbidium erythraeum*

21. 蕙兰 *Cymbidium faberi*

22. 多花兰 *Cymbidium floribundum*

23. 春兰 *Cymbidium goeringii*

24. 秋墨兰 *Cymbidium haematodes*

25. 虎头兰 *Cymbidium hookerianum*

26. 黄蝉兰 *Cymbidium iridioides*

27. 江城兰 *Cymbidium jiangchengense*

28. 寒兰 *Cymbidium kanran*

29. 长茎兰 *Cymbidium lii*

30. 碧玉兰 *Cymbidium lowianum*

31. 大根兰 *Cymbidium macrorhizon*

32. 象牙白 *Cymbidium maguanense*

33. 硬叶兰 *Cymbidium mannii*

34. 大雪兰 *Cymbidium mastersii*

35. 细花兰 *Cymbidium micranthum*

36. 墨脱虎头兰 *Cymbidium motuoense*

37. 珍珠矮 *Cymbidium nanulum*

38. 峨眉春蕙 *Cymbidium omeiense*

39. 密花硬叶兰 *Cymbidium puerense*

40. 紫萼兰 *Cymbidium purpureisepalum*

41. 丘北冬蕙兰 *Cymbidium qiubeiense*

42. 薛氏兰 *Cymbidium schroederi*

43. 豆瓣兰 *Cymbidium serratum*

44. 施甸兰 *Cymbidium shidianense*

45. 川西兰 *Cymbidium sichuanicum*

46. 墨兰 *Cymbidium sinense*

47. 果香兰 *Cymbidium suavissimum*

48. 奇瓣红春素 *Cymbidium teretipetiolatum*

49. 斑舌兰 *Cymbidium tigrinum*

50. 莲瓣兰 *Cymbidium tortisepalum*

51. 西藏虎头兰 *Cymbidium tracyanum*

52. 巍山兰 *Cymbidium weishanense*

53. 滇南虎头兰 *Cymbidium wilsonii*

54. 麻栗坡长叶兰 *Cymbidium × malipoense*

55. 怒江蕙兰 *Cymbidium × nujiangense*

56. 香格里拉兰 *Cymbidium × shangrilaense*

二级

兰属代表图

纹瓣兰 *Cymbidium aloifolium*

莎叶兰 *Cymbidium cyperifolium*

冬凤兰 *Cymbidium dayanum*

蕙兰 *Cymbidium faberi*

兰属代表图

虎头兰 *Cymbidium hookerianum*

黄蝉兰 *Cymbidium iridioides*

寒兰 *Cymbidium kanran*

碧玉兰 *Cymbidium lowianum*

象牙白 *Cymbidium maguanense*

丘北冬蕙兰 *Cymbidium qiubeiense*

兰属代表图

豆瓣兰 *Cymbidium serratum*

川西兰 *Cymbidium sichuanicum*

墨兰 *Cymbidium sinense*

果香兰 *Cymbidium suavissimum*

斑舌兰 *Cymbidium tigrinum*

西藏虎头兰 *Cymbidium tracyanum*

美花兰
Cymbidium insigne

科属：兰科 兰属

生境：岩石上或潮湿多苔藓岩壁上　　花期：11~12 月

　　地生或附生植物。假鳞茎卵球形至狭卵形。叶 6~9 枚，带形，长 60~90 厘米。花葶近直立或外弯，长 28~90 厘米，较粗壮；总状花序具 4~9 朵或更多的花；花直径 6~7 厘米，无香气；萼片与花瓣白色或略带淡粉红色，唇瓣白色，中裂片中部至基部黄色；花被片椭圆状倒卵形，唇瓣近卵圆形，3 裂，唇瓣上面有 3 条纵褶片，均密生短毛。

文山红柱兰
一级

Cymbidium wenshanense

科属：兰科 兰属

花期：3月　　生境：林中树上

　　附生植物。叶6~9枚，带形。花葶具3~7朵花；花较大，有香气；萼片与花瓣白色，唇瓣白色而有深紫色或紫褐色条纹与斑点，近宽倒卵形，3裂，唇瓣上面整个被毛，有2条纵褶片。

杓兰属（所有种，被列入一级保护的暖地杓兰除外。离萼杓兰未列入名录）

Cypripedium spp. (excl. *C. subtropicum*, *C. plectrochilum*)

科属：兰科 杓兰属

生境：林下、林缘、溪谷、草坡

地生兰。幼叶席卷，茎生，极少为2叶铺地而生；花被在果期宿存；唇瓣深囊状；蕊柱短，常下弯；具2枚侧生可育雄蕊，1枚位于上方的退化雄蕊和1枚位于下方的柱头；花粉粉质或带黏性，但不黏合成花粉团块；柱头肥厚，略3裂，表面有乳突；蒴果。中国产38种，除暖地杓兰、离萼杓兰外，其余种列入《国家重点保护野生植物名录》二级。

1. 无苞杓兰 *Cypripedium bardolphianum*

2. 杓兰 *Cypripedium calceolus*

3. 褐花杓兰 *Cypripedium calcicola*

4. 白唇杓兰 *Cypripedium cordigerum*

5. 大围山杓兰 *Cypripedium daweishanense*

6. 对叶杓兰 *Cypripedium debile*

7. 雅致杓兰 *Cypripedium elegans*

8. 毛瓣杓兰 *Cypripedium fargesii*

9. 华西杓兰 *Cypripedium farreri*

10. 大叶杓兰 *Cypripedium fasciolatum*

11. 黄花杓兰 *Cypripedium flavum*

12. 台湾杓兰 *Cypripedium formosanum*

13. 玉龙杓兰 *Cypripedium forrestii*

14. 毛杓兰 *Cypripedium franchetii*

15. 紫点杓兰 *Cypripedium guttatum*

16. 绿花杓兰 *Cypripedium henryi*

17. 高山杓兰 *Cypripedium himalaicum*

18. 扇脉杓兰 *Cypripedium japonicum*

19. 长瓣杓兰 *Cypripedium lentiginosum*

20. 丽江杓兰 *Cypripedium lichiangense*

21. 波密杓兰 *Cypripedium ludlowii*

22. 大花杓兰 *Cypripedium macranthos*

23. 麻栗坡杓兰 *Cypripedium malipoense*

24. 斑叶杓兰 *Cypripedium margaritaceum*

25. 小花杓兰 *Cypripedium micranthum*

26. 巴郎山杓兰 *Cypripedium palangshanense*

27. 宝岛杓兰 *Cypripedium segawae*

28. 山西杓兰 *Cypripedium shanxiense*

29. 四川杓兰 *Cypripedium sichuanense*

30. 太白杓兰 *Cypripedium taibaiense*

31. 奇莱杓兰 *Cypripedium taiwanalpinum*

32. 西藏杓兰 *Cypripedium tibeticum*

33. 宽口杓兰 *Cypripedium wardii*

34. 乌蒙杓兰 *Cypripedium wumengense*

35. 云南杓兰 *Cypripedium yunnanense*

36. 东北杓兰 *Cypripedium × ventricosum*

杓兰属代表图

无苞杓兰 *Cypripedium bardolphianum*

杓兰 *Cypripedium calceolus*

杓兰属代表图

褐花杓兰 *Cypripedium calcicola*

雅致杓兰 *Cypripedium elegans*

毛瓣杓兰 *Cypripedium fargesii*

大花杓兰 *Cypripedium macranthos*

太白杓兰 *Cypripedium taibaiense*

宽口杓兰 *Cypripedium wardii*

暖地杓兰 一级
Cypripedium subtropicum

科属：兰科 杓兰属

花期：7月　　生境：桤木林下

　　地生草本，具粗短的根状茎和肉质根。茎中部以上具 9~10 枚叶。叶片椭圆状长圆形至椭圆状披针形。花序总状，具 7 花；花黄色，唇瓣上有紫色斑点，深囊状，倒卵状椭圆形，囊内具毛。

丹霞兰属（所有种）
Danxiaorchis spp.

科属：兰科 丹霞兰属
生境：灌木和竹林混交林下

　腐生草本植物，根状茎块状，肉质。花葶直立，总状花序具 2~13 朵花；花淡黄色，唇瓣黄色，表面具紫红色条纹和斑点，3 裂，基部具有 2 个囊状突起，上面具一个"Y"字形肉质附属物。中国产 3 种，所有种均列入《国家重点保护野生植物名录》二级。

1. 茫荡山丹霞兰 *Danxiaorchis mangdangshanensis*
2. 丹霞兰 *Danxiaorchis singchiana*
3. 井冈山丹霞兰 *Danxiaorchis yangii*

丹霞兰属代表图

丹霞兰 *Danxiaorchis singchiana*

丹霞兰属代表图

井冈山丹霞兰 *Danxiaorchis yangii*

石斛属 *（所有种，被列入一级保护的曲茎石斛和霍山石斛除外）

Dendrobium spp. (excl. ***D. flexicaule, D. huoshanense***)

科属：兰科 石斛属
生境：林中树干、岩石上

附生兰。茎丛生，有时 1 至数个节间膨大；叶互生，扁平，圆柱状或两侧压扁；花序生于茎的中部以上节上；萼片近相似，离生；侧萼片与唇瓣基部共同形成萼囊；花瓣比萼片狭或宽；唇瓣着生于蕊柱足末端，3 裂或不裂，基部收狭为短爪或无爪，有时具距；蕊柱粗短，顶端两侧各具 1 枚蕊柱齿；蕊喙很小。中国产 100 种 1 亚种 1 变种，除曲茎石斛、霍山石斛外，其余种列入《国家重点保护野生植物名录》二级。

1. 钩状石斛 *Dendrobium aduncum*
2. 兜唇石斛 *Dendrobium aphyllum*
3. 版纳石斛 *Dendrobium bannaense*
4. 矮石斛 *Dendrobium bellatulum*
5. 双槽石斛 *Dendrobium bicameratum*
6. 长苏石斛 *Dendrobium brymerianum*
7. 短棒石斛 *Dendrobium capillipes*
8. 翅萼石斛 *Dendrobium cariniferum*
9. 黄石斛 *Dendrobium catenatum*
10. 长爪石斛 *Dendrobium chameleon*
11. 毛鞘石斛 *Dendrobium christyanum*
12. 束花石斛 *Dendrobium chrysanthum*
13. 线叶石斛 *Dendrobium chryseum*
14. 勐腊石斛 *Dendrobium chrysocrepis*
15. 鼓槌石斛 *Dendrobium chrysotoxum*
16. 草石斛 *Dendrobium compactum*

17. 玫瑰石斛 *Dendrobium crepidatum*

18. 木石斛 *Dendrobium crumenatum*

19. 晶帽石斛 *Dendrobium crystallinum*

20. 叠鞘石斛 *Dendrobium denneanum*

21. 密花石斛 *Dendrobium densiflorum*

22. 齿瓣石斛 *Dendrobium devonianum*

23. 黄花石斛 *Dendrobium dixanthum*

24. 反瓣石斛 *Dendrobium ellipsophyllum*

25. 燕石斛 *Dendrobium equitans*

26. 景洪石斛 *Dendrobium exile*

27. 串珠石斛 *Dendrobium falconeri*

28. 梵净山石斛 *Dendrobium fanjingshanense*

29. 流苏石斛 *Dendrobium fimbriatum*

30. 棒节石斛 *Dendrobium findlayanum*

31. 双花石斛 *Dendrobium furcatopedicellatum*

32. 曲轴石斛 *Dendrobium gibsonii*

33. 红花石斛 *Dendrobium goldschmidtianum*

34. 杯鞘石斛 *Dendrobium gratiosissimum*

35. 海南石斛 *Dendrobium hainanense*

36. 细叶石斛 *Dendrobium hancockii*

37. 苏瓣石斛 *Dendrobium harveyanum*

38. 河口石斛 *Dendrobium hekouense*

39. 河南石斛 *Dendrobium henanense*

40. 疏花石斛 *Dendrobium henryi*

41. 重唇石斛 *Dendrobium hercoglossum*

42. 尖刀唇石斛 *Dendrobium heterocarpum*

43. 金耳石斛 *Dendrobium hookerianum*

44. 小黄花石斛 *Dendrobium jenkinsii*

45. 夹江石斛 *Dendrobium jiajiangense*

46. 景华石斛 *Dendrobium jinghuanum*

47. 广东石斛 *Dendrobium kwangtungense*

48. 广坝石斛 *Dendrobium lagarum*

49. 菱唇石斛 *Dendrobium leptocladum*

50. 秉滔石斛 *Dendrobium libingtaoi*

51. 矩唇石斛 *Dendrobium linawianum*

52. 聚石斛 *Dendrobium lindleyi*

53. 喇叭唇石斛 *Dendrobium lituiflorum*

54. 美花石斛 *Dendrobium loddigesii*

55. 罗河石斛 *Dendrobium lohohense*

56. 长距石斛 *Dendrobium longicornu*

57. 罗氏石斛 *Dendrobium luoi*

58. 文卉石斛 *Dendrobium luoi* var. *wenhuii*

59. 吕宋石斛 *Dendrobium luzonense*

60. 马关石斛 *Dendrobium maguanense*

61. 细茎石斛 *Dendrobium moniliforme*

62. 琉球石斛 *Dendrobium moniliforme* subsp. *okinawense*

63. 藏南石斛 *Dendrobium monticola*

64. 杓唇石斛 *Dendrobium moschatum*

65. 瑙蒙石斛 *Dendrobium naungmungense*

66. 石斛 *Dendrobium nobile*

67. 铁皮石斛 *Dendrobium officinale*

68. 少花石斛 *Dendrobium parciflorum*

69. 小花石斛 *Dendrobium parcum*

70. 紫瓣石斛 *Dendrobium parishii*

71. 肿节石斛 *Dendrobium pendulum*

72. 报春石斛 *Dendrobium polyanthum*

73. 单莛草石斛 *Dendrobium praecinctum*

74. 独龙石斛 *Dendrobium porphyrochilum*

75. 针叶石斛 *Dendrobium pseudotenellum*

76. 反唇石斛 *Dendrobium ruckeri*

77. 竹枝石斛 *Dendrobium salaccense*

78. 滇桂石斛 *Dendrobium scoriarum*

79. 始兴石斛 *Dendrobium shixingense*

80. 华石斛 *Dendrobium sinense*

81. 勐海石斛 *Dendrobium sinominutiflorum*

82. 小双花石斛 *Dendrobium somae*

83. 剑叶石斛 *Dendrobium spatella*

84. 梳唇石斛 *Dendrobium strongylanthum*

85. 叉唇石斛 *Dendrobium stuposum*

86. 具槽石斛 *Dendrobium sulcatum*

87. 刀叶石斛 *Dendrobium terminale*

88. 球花石斛 *Dendrobium thyrsiflorum*

89. 紫婉石斛 *Dendrobium transparens*

90. 翅梗石斛 *Dendrobium trigonopus*

91. 五色石斛 *Dendrobium wangliangii*

92. 大苞鞘石斛 *Dendrobium wardianum*

93. 高山石斛 *Dendrobium wattii*

94. 黑毛石斛 *Dendrobium williamsonii*

95. 大花石斛 *Dendrobium wilsonii*

96. 尖叶金石斛 *Dendrobium xantholeucum*

97. 西畴石斛 *Dendrobium xichouense*

98. 永嘉石斛 *Dendrobium yongjiaense*

99. 政和石斛 *Dendrobium zhenghuoense*

100. 镇源石斛 *Dendrobium zhenyuanense*

石斛属代表图

钩状石斛 *Dendrobium aduncum*

矮石斛 *Dendrobium bellatulum*

长苏石斛 *Dendrobium brymerianum*

短棒石斛 *Dendrobium capillipes*

翅萼石斛 *Dendrobium cariniferum*

束花石斛 *Dendrobium chrysanthum*

石斛属代表图

草石斛 *Dendrobium compactum*

晶帽石斛 *Dendrobium crystallinum*

齿瓣石斛 *Dendrobium devonianum*

反瓣石斛 *Dendrobium ellipsophyllum*

曲轴石斛 *Dendrobium gibsonii*

杯鞘石斛 *Dendrobium gratiosissimum*

石斛属代表图

杓唇石斛 *Dendrobium moschatum*

铁皮石斛 *Dendrobium officinale*

报春石斛 *Dendrobium polyanthum*

滇桂石斛 *Dendrobium scoriarum*

始兴石斛 *Dendrobium shixingense*

球花石斛 *Dendrobium thyrsiflorum*

5 月

曲茎石斛 *
Dendrobium flexicaule

科属：兰科 石斛属

花期：5 月

生境：山谷岩石上

　　附生草本。茎下垂或斜伸，回折状弯曲。叶 2~4 枚，2 列，长圆状披针形。花序具 1~3 花；花黄绿色，唇瓣淡黄色，上面具扇形紫色斑块；花萼片长圆形，花瓣椭圆形，唇瓣宽卵形。

一级

霍山石斛 *
Dendrobium huoshanense

科属：兰科 石斛属

生境：林中树干上和岩石上

花期：5 月

　　附生草本。茎直立，丛生，基部以上较粗，上部渐细。叶 2~3 枚，舌状长圆形。花序具 1~2 花；花淡黄绿色，唇瓣表面具黄色横生椭圆形斑块；花萼片卵状披针形，唇瓣近菱形。

原天麻 *

Gastrodia angusta

科属：兰科 天麻属

花期：3~4月　　生境：竹林下

　　腐生草本。茎直立，根状茎肥厚。总状花序通常具 20~30 朵花；花近直立，乳白色；萼片和花瓣合生成的花被筒近宽圆筒状；唇瓣长圆状梭形，内有 2 条紫黄色稍隆起的纵脊。

天麻 *
Gastrodia elata

二级

科属：兰科 天麻属
生境：疏林下、林中空地、林缘　　花期：5~7月

腐生草本。茎橙黄或蓝绿色，根状茎椭圆形。总状花序具30~50 朵花，花橙黄或黄白色，近直立，花被筒顶端具 5 裂片；唇瓣长圆状卵形，边缘有不规则短流苏。

手参 *

二级

Gymnadenia conopsea

科属：兰科 手参属

花期：6~8月　　生境：草地或砾石滩草丛中

　　地生草本。植株具 4~5 枚叶，叶线状披针形、窄长圆形或带形。花序密生多花；花粉红，花萼片宽椭圆形或宽卵状椭圆形，唇瓣宽倒卵形，3 裂，距窄圆筒状，下垂，长于子房。

西南手参 *

Gymnadenia orchidis

科属：兰科 手参属

生境：灌丛中和草地

花期：7~9 月

　　地生草本。植株具 3~5 枚叶，叶椭圆形或椭圆状披针形。花序密生多花；花紫红或粉红，花萼片卵形，唇瓣宽倒卵形，3 裂，距圆筒状，下垂，长于子房或近等长。

血叶兰
Ludisia discolor

二级

科属：兰科 血叶兰属
花期：2~4月　　生境：沟谷常绿阔叶林下阴湿处

　　地生或半地生草本。植株近基部具 3~4 枚叶，叶卵形或卵状长圆形，肉质，上面墨绿色具 5 条金红色的脉。花序具几朵至 10 余朵花；花白或带淡红色；花萼片卵状椭圆形，舟状，唇瓣下部与蕊柱的下部合生成筒，中部顶端横长方形。

兜兰属 (所有种，被列入二级保护的带叶兜兰和硬叶兜兰除外)

Paphiopedilum spp. (excl. *P. hirsutissimum, P. micranthum*)

科属：兰科 兜兰属

生境：林下、岩石上、石缝中

地生、半附生或附生兰。幼叶对折，基生，3至多枚，2列；花被在果期脱落；中萼片较大，边缘反卷，2枚侧萼片常合生成合萼片；唇瓣深囊状至倒盔状，基部具柄，囊口宽大，两侧具内折的侧裂片；具2枚侧生可育雄蕊，1枚位于上方的退化雄蕊和1枚位于下方的柱头；柱头肥厚，下弯；蒴果。中国产30种6变种1变型，除带叶兜兰、硬叶兜兰外，其余种列入《国家重点保护野生植物名录》一级。

1. 卷萼兜兰 *Paphiopedilum appletonianum*
2. 根茎兜兰 *Paphiopedilum areeanum*
3. 杏黄兜兰 *Paphiopedilum armeniacum*
4. 小叶兜兰 *Paphiopedilum barbigerum*
5. 巨瓣兜兰 *Paphiopedilum bellatulum*
6. 红旗兜兰 *Paphiopedilum charlesworthii*
7. 同色兜兰 *Paphiopedilum concolor*
8. 德氏兜兰 *Paphiopedilum delenatii*
9. 长瓣兜兰 *Paphiopedilum dianthum*
10. 白花兜兰 *Paphiopedilum emersonii*
11. 红花兜兰 *Paphiopedilum erythroanthum*
12. 瑰丽兜兰 *Paphiopedilum gratrixianum*
13. 广东兜兰 *Paphiopedilum guangdongense*
14. 绿叶兜兰 *Paphiopedilum hangianum*
15. 巧花兜兰 *Paphiopedilum helenae*

16. 亨利兜兰 *Paphiopedilum henryanum*

17. 无斑兜兰 *Paphiopedilum henryanum* var. *christae*

18. 波瓣兜兰 *Paphiopedilum insigne*

19. 麻栗坡兜兰 *Paphiopedilum malipoense*

20. 窄瓣兜兰 *Paphiopedilum malipoense* var. *angustatum*

21. 钩唇兜兰 *Paphiopedilum malipoense* var. *hiepii*

22. 浅斑兜兰 *Paphiopedilum malipoense* var. *jackii*

23. 紫斑兜兰 *Paphiopedilum notatisepalum*

24. 飘带兜兰 *Paphiopedilum parishii*

25. 紫纹兜兰 *Paphiopedilum purpuratum*

26. 白旗兜兰 *Paphiopedilum spicerianum*

27. 虎斑兜兰 *Paphiopedilum tigrinum*

28. 天伦兜兰 *Paphiopedilum tranlienianum*

29. 秀丽兜兰 *Paphiopedilum venustum*

30. 紫毛兜兰 *Paphiopedilum villosum*

31. 王亮兜兰 *Paphiopedilum villosum* f. *wangliangii*

32. 白边兜兰 *Paphiopedilum villosum* var. *annamense*

33. 包氏兜兰 *Paphiopedilum villosum* var. *boxallii*

34. 彩云兜兰 *Paphiopedilum wardii*

35. 文山兜兰 *Paphiopedilum wenshanense*

兜兰属代表图

卷萼兜兰
Paphiopedilum appletonianum

杏黄兜兰
Paphiopedilum armeniacum

小叶兜兰 *Paphiopedilum barbigerum*

同色兜兰 *Paphiopedilum concolor*

长瓣兜兰 *Paphiopedilum dianthum*

白花兜兰 *Paphiopedilum emersonii*

兜兰属代表图

绿叶兜兰 *Paphiopedilum hangianum*

亨利兜兰 *Paphiopedilum henryanum*

紫纹兜兰 *Paphiopedilum purpuratum*

白旗兜兰 *Paphiopedilum spicerianum*

紫毛兜兰 *Paphiopedilum villosum*

彩云兜兰 *Paphiopedilum wardii*

189

带叶兜兰
Paphiopedilum hirsutissimum

科属：兰科 兜兰属
生境：林下或林缘岩缝中

花期：4~5月

　　地生或附生草本。叶基生，5~6 枚，带形。花葶顶生 1 花。中萼片宽卵形，边缘淡绿黄色，花瓣匙形，密被紫褐色斑点，唇瓣倒盔状，淡绿黄色；退化雄蕊近正方形，与唇瓣同色，有 2 个白色"眼斑"。

硬叶兜兰

Paphiopedilum micranthum

二级

科属：兰科 兜兰属

花期：3~5月　　生境：石灰岩山坡草丛中或石壁

　　地生草本。叶基生，4~5 枚，长圆形，上面有深绿及淡绿色相间的网格斑。花葶顶生 1 花；花大，艳丽，中萼片与花瓣常白色，唇瓣白或淡粉红色；中萼片和合萼片卵形，唇瓣深囊状，卵状椭圆形，囊口近圆形；退化雄蕊黄色。

海南鹤顶兰
Phaius hainanensis

科属：兰科 鹤顶兰属
生境：山谷石缝中

花期：5月

　　地生草本。假鳞茎卵状圆锥形。叶数枚互生于茎的上部，长圆状卵形或宽披针形。总状花序具约 10 朵花；花象牙白色；花萼片卵状披针形，唇瓣 3 裂，中裂片半圆形，上面柠檬黄色，具 3 条褶片。

文山鹤顶兰
Phaius wenshanensis

二级

科属：兰科 鹤顶兰属

花期：9月　　　生境：林下

地生草本。假鳞茎细圆柱形。叶 6~7 枚，互生，椭圆形。总状花序疏生 5~6 朵花；花被片背面黄色，内面紫红色；花萼片椭圆形，唇瓣 3 裂，上面具 3 条黄色的脊突。

罗氏蝴蝶兰
Phalaenopsis lobbii

5
4 春
3

科属：兰科 蝴蝶兰属

生境：附疏林树干上

花期：3~5月

　　附生草本。根扁平，茎短。叶2~4枚，近基生，叶片宽椭圆形。花序具2~4朵花；花白色，唇瓣在两侧各具一个规则的棕色斑块；花萼片长圆状椭圆形，唇瓣3裂，中裂片肾形。

麻栗坡蝴蝶兰

Phalaenopsis malipoensis

科属：兰科 蝴蝶兰属

花期：4~5月　　　生境：丛林树干上

　　多年生附生草本植物。茎短；叶近基生，3~5 片叶，稍肉质，长圆形或椭圆形。花柱通常 3~4，拱形。总状花序，松弛，具 5~10 朵花，花梗绿色；花完全开展，白色或有时略有淡黄色；唇瓣白色，在唇盘和中裂片中部具橙色和淡褐色斑；中萼片长圆形椭圆形，侧萼片斜卵状椭圆形。花瓣匙形或狭倒卵形，先端圆形；唇瓣三裂，侧裂片直立，近披针形。

华西蝴蝶兰
Phalaenopsis wilsonii

科属：兰科 蝴蝶兰属
生境：山地林中树干或林下岩石上　花期：4~7月

附生草本。茎基部簇生多数弯曲扁平根。叶常 4~5 枚，长圆形或近椭圆形，旱季落叶，花期无叶或具 1~2 小叶。花序疏生 2~5 花；花萼片和花瓣白色；花萼片椭圆形，唇瓣中裂片深紫色，宽倒卵形，基部具紫色叉状附属物。

象鼻兰

Phalaenopsis zhejiangensis

科属：兰科 蝴蝶兰属
生境：山地林中或林缘树上

花期：6~7月

　　附生草本。植株小型，具多条稍扁的根。叶1~3枚，质地薄，倒卵形，叶背有暗紫色斑点。花序纤细，下垂，具8~20朵花；花白色，花被片具淡紫色横条纹；中萼片卵状椭圆形，唇瓣3裂，距半球形，距口前方有一个白色附属物。

独蒜兰属 (所有种)
Pleione spp.

科属：兰科 独蒜兰属
生境：林下、岩石上、树干

附生、半附生或地生兰。假鳞茎一年生；叶 1~2 枚；花期无叶或叶极幼嫩；花序具 1~2 花；花苞片常有色彩；唇瓣明显大于萼片，基部常多少收狭，有时贴生于蕊柱基部而呈囊状，上部边缘啮蚀状或撕裂状，上面具 2 至数条纵褶片或沿脉具流苏状毛；蒴果纺锤状，具 3 条纵棱，成熟时沿纵棱开裂。中国产 21 种 1 变种 6 天然杂交种，所有种均列入《国家重点保护野生植物名录》二级。

1. 白花独蒜兰 *Pleione albiflora*
2. 藏南独蒜兰 *Pleione arunachalensis*
3. 艳花独蒜兰 *Pleione aurita*
4. 长颈独蒜兰 *Pleione autumnalis*
5. 独蒜兰 *Pleione bulbocodioides*
6. 陈氏独蒜兰 *Pleione chunii*
7. 台湾独蒜兰 *Pleione formosana*
8. 黄花独蒜兰 *Pleione forrestii*
9. 白瓣独蒜兰 *Pleione forrestii* var. *alba*
10. 大花独蒜兰 *Pleione grandiflora*
11. 毛唇独蒜兰 *Pleione hookeriana*
12. 矮小独蒜兰 *Pleione humilis*
13. 金华独蒜兰 *Pleione jinhuana*
14. 卡氏独蒜兰 *Pleione kaatiae*
15. 四川独蒜兰 *Pleione limprichtii*
16. 秋花独蒜兰 *Pleione maculata*
17. 小叶独蒜兰 *Pleione microphylla*
18. 美丽独蒜兰 *Pleione pleionoides*

19. 疣鞘独蒜兰 *Pleione praecox*

20. 岩生独蒜兰 *Pleione saxicola*

21. 二叶独蒜兰 *Pleione scopulorum*

22. 云南独蒜兰 *Pleione yunnanensis*

23. 保山独蒜兰 *Pleione × baoshanensis*

24. 滇西独蒜兰 *Pleione × christianii*

25. 芳香独蒜兰 *Pleione × confusa*

26. 春花独蒜兰 *Pleione × kohlsii*

27. 猫儿山独蒜兰 *Pleione × maoershanensis*

28. 大理独蒜兰 *Pleione × taliensis*

独蒜兰属代表图

白花独蒜兰 *Pleione albiflora*

藏南独蒜兰 *Pleione arunachalensis*

艳花独蒜兰 *Pleione aurita*

独蒜兰 *Pleione bulbocodioides*

独蒜兰属代表图

陈氏独蒜兰 *Pleione chunii*

台湾独蒜兰 *Pleione formosana*

黄花独蒜兰 *Pleione forrestii*

大花独蒜兰 *Pleione grandiflora*

毛唇独蒜兰 *Pleione hookeriana*

矮小独蒜兰 *Pleione humilis*

独蒜兰属代表图

四川独蒜兰 *Pleione limprichtii*

秋花独蒜兰 *Pleione maculata*

美丽独蒜兰 *Pleione pleionoides*

岩生独蒜兰 *Pleione saxicola*

二叶独蒜兰 *Pleione scopulorum*

云南独蒜兰 *Pleione yunnanensis*

火焰兰属 (所有种)
Renanthera spp.

科属：兰科 火焰兰属
生境：林中树干上

附生或半附生兰。茎长，攀缘；花序侧生，通常分枝；花火红色或有时橘红色带红色斑点；中萼片和花瓣较狭；侧萼片边缘波状；唇瓣牢固地贴生于蕊柱基部，远比花瓣和萼片小，3裂；侧裂片内面基部各具1枚附属物；中裂片反卷，距圆锥形；蕊柱粗短，无蕊柱足；蕊喙大，近半圆形，先端具宽凹缺。中国产3种，所有种均列入《国家重点保护野生植物名录》二级。

1. 中华火焰兰 *Renanthera citrina*
2. 火焰兰 *Renanthera coccinea*
3. 云南火焰兰 *Renanthera imschootiana*

火焰兰属代表图

火焰兰 *Renanthera coccinea*   云南火焰兰 *Renanthera imschootiana*

钻喙兰
Rhynchostylis retusa

科属：兰科 钻喙兰属

花期：5~6月　　生境：林缘或疏林中树干上

　　附生草本。植株具粗厚的根。叶 2 列，密集，肉质，外弯，宽带形。花序 1~3 个，下垂，密生数朵花；花纸质，萼片和花瓣白色并被粉红色或紫色斑点，唇瓣上部粉红色，下部白色；花萼片椭圆形，唇瓣下部凹陷，有压扁距。

203

大花万代兰
Vanda coerulea

科属：兰科 万代兰属
生境：疏林中树干上

花期：10~11月

　　附生草本。植株大型，茎粗壮，具多枚叶。叶厚革质，带状。花序1~3个，疏生数花；花质薄，天蓝色或淡紫色，有深色方格斑；萼片与花瓣相似，宽倒卵形，唇瓣线状矩圆形，3裂，中裂片舌形，距圆筒状。

深圳香荚兰
二级

Vanilla shenzhenica

科属：兰科 香荚兰属

花期：2~3月

生境：山地林中树上或悬崖

　　攀缘草本。植株长达数米，具多节，每节生一枚叶和长出一条根。叶2列，近革质，椭圆形。花序腋生，具4朵花；花黄绿色，唇瓣紫红色，表面具白色附属物；花萼片近椭圆形，唇瓣筒状，不裂，表面具毛刷状附属物。

海南龙血树 東埔寨龙血树
Dracaena cambodiana

科属：天门冬科 龙血树属
生境：石灰岩上

花期：3 月

　　乔木状，高达 15 米。茎粗大，分枝多。幼枝有环状叶痕。叶聚生茎、分枝或小枝顶端，互相套叠，剑形。圆锥花序长 40 厘米以上，花 2~5 簇生，乳白色。花被片长 6~8 毫米，下部 1/5~1/4 合生；花丝扁平，宽约 0.6 毫米，上部有红棕色疣点；花柱细长。浆果径 0.8~1.2 厘米，成熟时橘黄色，有 1~3 颗种子。

剑叶龙血树
Dracaena cochinchinensis

科属：天门冬科 龙血树属

花期：3 月

生境：石灰岩上

　　乔木状，高可达 5~15 米。茎粗大，分枝多，幼枝有环状叶痕。叶聚生在茎、分枝或小枝顶端，互相套叠，剑形，抱茎。圆锥花序长 40 厘米以上，花序轴密生乳突状短柔毛；花每 2~5 朵簇生，乳白色；花被片长 6~8 毫米，下部 1/5~1/4 合生；花丝扁平，上部有红棕色疣点；花柱细长。浆果直径 8~12 毫米，橘黄色，具 1~3 颗种子。

云南兰花蕉
Orchidantha yunnanensis

科属：兰花蕉科 兰花蕉属
生境：石灰岩地区林下

花期：3~4月

多年生草本植物，丛生，高 50~150 厘米。根状茎直立，直径约 1 厘米，内部白色。叶柄长 19~57 厘米，具沟，基部 1/3 具鞘。叶片狭椭圆形，明显不等长，长 77~125 厘米，宽 15~19.5 厘米，两面绿色，无毛，基部钝，先端渐尖。花序纤细，多分枝，浅色，具突出苞片。

拟豆蔻 **海南豆蔻** *
Amomum hainanense

二级

科属：姜科 豆蔻属

花期：5~6月　　生境：山谷密林中

　　多年生草本植物，高 30~60 厘米。每假茎具 2~7 片叶，绿色，具条纹，被微柔毛。叶舌膜质。叶柄具条纹；叶片长圆形到椭圆形，绿色。花序 1~4 个；花序梗红棕色。花萼管状，3 齿，红色。花冠白色，基部和先端有红点；花冠筒膜质，侧生花冠裂片，无毛，先端兜状；中央花冠裂片先端兜状；唇瓣爪状，三裂，白色，有一条黄色的中央条纹；蒴果卵球形。

宽丝豆蔻 *
Amomum petaloideum

科属：姜科 豆蔻属
生境：林下

花期：5~6月

　　植株高 1~1.5 米，基部具红色鞘。叶鞘纵向具条纹；叶片背面绿色，正面紫红色或浅绿色，椭圆形或披针形，基部楔形，先端渐尖或短。穗状花序，鳞状鞘红色有黄绿色边缘；苞片卵状圆形。花冠筒等长花萼，密被白色短柔毛；裂片狭椭圆形，唇瓣先端黄色，倒卵形，边缘皱曲。蒴果红色，半球形，先端延长成翅，具宿存花萼。种子黑色。

茴香砂仁
Etlingera yunnanensis

科属：姜科 茴香砂仁属

花期：6 月

生境：疏林下

　　茎丛生，株高约 1.8 米。叶片披针形；叶舌卵形。总花梗由根茎生出，花序头状，贴近地面，开花时好像一朵菊花；总苞片卵形，红色，小苞片管状；花红色，多数，花时每 6 朵一轮齐放；花萼管状，顶 3 裂；花冠管较花萼为短，顶端具 3 裂片；唇瓣中央紫红色，边缘黄色，突露于花冠之外，好像菊科植物的舌状花。

长果姜

Siliquamomum tonkinense

科属：姜科 长果姜属

生境：山谷密林中潮湿之处

花期：10月

　　茎直立，高 0.6~2 米。叶片披针形或披针状长圆形，通常只有 3 片，两端渐尖，顶部具小尖头。总状花序顶生，有花 9~12 朵；花排列稀疏，小花柄基部以上 5 毫米处有一关节，花由此脱落；萼顶端具 2~3 齿，复又一侧开裂；花冠黄白色，花冠管狭圆柱形，裂片极薄；侧生退化雄蕊狭倒卵形；唇瓣倒卵形，具斑点；花丝短；子房无毛。蒴果纺锤状圆柱形。

董棕

Caryota obtusa

科属：棕榈科 鱼尾葵属

花期：6~10月

生境：石灰岩山地区或沟谷林中

　　乔木状，高 5~25 米，茎常膨大成花瓶状。叶长 5~7 米，弓状下弯；羽片宽楔形或狭的斜楔形，叶革质。花序具多数、密集的穗状分枝花序；雄花花萼近圆形，盖萼片大于被盖的侧萼片，表面不具疣状凸起，边缘具半圆齿，雄蕊极多，花丝短，近白色，花药线形；雌花与雄花相似，但花萼稍宽，花瓣较短。果实球形至扁球形，成熟时红色。种子 1~2 颗，近球形。

琼棕
Chuniophoenix hainanensis

科属：棕榈科 琼棕属

生境：山地林中

花期：4 月

　　丛生灌木至小乔木，高 3~8 米。叶掌状深裂，裂片 14~16 片，条形，长达 50 厘米，顶端渐尖，不分裂或 2 浅裂；中脉在腹面凹入，在背面隆起。肉穗花序腋生；花两性，紫红色，花萼筒状；花瓣卵状矩圆形。浆果球形，外果皮薄革质，中果皮肉质；种子球形，灰白色。

矮琼棕

Chuniophoenix humilis

科属：棕榈科 琼棕属
花期：4~5月　　生境：低地雨林

　　丛生灌木状，高 1.5~2 米。茎圆柱形，直径约 1 厘米。叶扇状半圆形，深裂至基部，裂片 4~7 片，中央的裂片较大，长达 35 厘米；叶柄具凹槽，背面凸起。花序自叶腋抽出，穗状有分枝；花两性，淡黄色，略有香气。果实扁球形，成熟时鲜红色。

水椰 *
Nypa fruticans

科属：棕榈科 水椰属
生境：海滨泥沼地带

花期：7月

　　丛生灌木。茎匍匐，二歧分枝。叶自根茎生出，羽状全裂，裂片狭长披针形，基部外向折叠，叶轴每侧羽片57~100，规则排列且向同一水平面开展。肉穗花序，雄花序柔黄花序状，生于雌花序下；雌花序球形，顶生。果实倒卵形，稍压扁而具六棱，褐色而光亮；种子圆形。

小钩叶藤

Plectocomia microstachys

花期：12月

科属：棕榈科 钩叶藤属

生境：密林中

　　有刺木质藤本，雌雄异株，植株开花一次后即死亡。茎丛生，长达 15 米。叶羽状全裂，具叶鞭；叶轴长达 1.5 米，每侧羽片 25~30，椭圆状披针形，长 10~30 厘米，宽 4~6 厘米，无刺，顶端渐尖。肉穗花序生于上部叶腋内，具长而下垂的分枝；雄小穗状花序纤细，有花 8~12 朵，花萼小、3 裂；花瓣 3，其中 1 片舟状，其余 2 片披针形。

龙棕
Trachycarpus nanus

4 春

科属：棕榈科 棕榈属
生境：山地林中

花期：4月

　　灌木状。体高 0.5~0.8 米。无地上茎，地下茎节密集，多须根，向上弯曲，犹如龙状，故名龙棕。叶簇生于地面，形状如棕榈叶，深裂，裂片为线状披针形。花序从地面直立伸出，通常二回分枝；花雌雄异株，雄花序的花比雌花序的花密集；雄花球形，黄绿色，萼片3；雌花淡绿色，球状卵形，花瓣稍长于花萼，心皮3。果实肾形，蓝黑色。

短芒芨芨草 *
Achnatherum breviaristatum

花期：6月

科属：禾本科 芨芨草属
生境：山坡草地和干燥河谷中

多年生草本。秆直立。叶鞘光滑无毛，长于节间；叶舌长圆状披针形；叶片长达 50 厘米，纵卷如线状，上面有小刺毛，边缘具细刺。圆锥花序直立，紧缩，主轴每节具数分枝；小穗长 6~6.5 毫米；颖膜质，边缘透明，基部熟时呈浅紫色；外稃顶端具 2 微齿，裂齿间着生长 3~4 毫米的芒；内稃与外稃等长。

沙芦草
Agropyron mongolicum

科属：禾本科 冰草属
生境：干燥草原、沙地

花期：7~9月

　　多年生草本。秆成疏丛，直立，高 20~60 厘米。叶片长 5~15 厘米，内卷成针状，叶脉隆起成纵沟，脉上密被微细刚毛。穗状花序，穗轴节间光滑或生微毛；小穗向上斜升，含（2）3~8 小花；颖两侧不对称，具 3~5 脉，外稃无毛或具稀疏微毛，具 5 脉，先端具短尖头，第一外稃长 5~6 毫米；内稃脊具短纤毛。

三刺草

Aristida triseta

科属：禾本科 三芒草属

花期：7~9月

生境：多丁旱草原、山坡草地

　　多年生草本。秆直立，基部宿存叶鞘，高 10~40 厘米。叶鞘松散，光滑，叶舌短小，具纤毛；叶常弯曲卷折。圆锥花序线形，分枝短，贴主轴。小穗紫或古铜色；颖近等长或第二颖较长，先端渐尖或具小尖头。外稃有 3 脉，背被紫褐色斑点，主芒长 4~8 毫米，侧芒长 1.5~3 毫米；内稃薄膜质。颖果长约 5 毫米。

山涧草
Chikusichloa aquatica

科属：禾本科 山涧草属
生境：山涧溪沟边

花期：9~10月

　　多年生水生草本。秆高1米。叶片条形，两面粗糙，宽6~10毫米；叶舌膜质易碎，长约2毫米。圆锥花序长约30厘米；分枝纤细呈毛发状，直立或斜上；小穗披针形，略呈圆柱状，长约4毫米（不连基盘），含1两性小花，有长4~7毫米的柄状基盘；颖缺；外稃具5脉，有微毛，顶端延伸成长4~6毫米的直芒；雄蕊1枚。

流苏香竹
Chimonocalamus fimbriatus

二级

科属：禾本科 香竹属

花期：8~10月　　生境：常绿阔叶林下

　　秆高 5~8 米，全秆共 30 余节，节间圆筒形；箨环与秆环均微隆起，两环同高；刺状气生根每节可多达 30 余枚，密集环列；秆每节分 3 枝或更多枝。箨鞘薄革质，长于其节间，新鲜时绿色带紫红色，背部常具褐色斑块，并贴生刺毛；箨舌发达，顶端分裂成多条流苏状缝毛；箨片直立或外翻。叶鞘外缘具纤毛；叶耳微小，具缝毛；叶舌紫褐色，顶端圆弧形。

莎禾

Coleanthus subtilis

科属：禾本科 莎禾属

生境：河岸、湖旁水湿处

花期：4~7月

　　一年生矮小草本，秆高约 5 厘米。叶鞘膨胀，其内常有分枝；叶舌膜质；叶片条形，长约 1 厘米。圆锥花序长 5~10 毫米，其下托以苞片状叶鞘；分枝轮生，具细硬刺毛；小穗长约 2 毫米（连芒），含 1 花，颖缺；外稃透明膜质，中脉延伸成短芒；内稃宽，顶端具 2 裂齿，两脊延伸成芒状小尖头；颖果矩圆形，长于外稃。

阿拉善鹅观草 **阿拉善披碱草** *
Elymus alashanicus

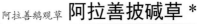

科属：禾本科 披碱草属

花期：7~8月　　　生境：山坡

秆直立或基部者常斜升，高 40~60 厘米。叶片坚韧，内卷成针状，两面均被微毛或下面平滑无毛。穗状花序劲直，瘦细，具贴生小穗 3~7 枚；小穗淡黄色，含 3~6 小花，小穗轴光滑无毛；颖长圆状披针形，通常 3 脉，两颖不等长，第一颖长不超过下方小花之半；外稃披针形，无芒或具小尖头；内稃与外稃等长或较之略有长短，先端凹陷。

黑紫披碱草 *

Elymus atratus

科属：禾本科 披碱草属

生境：多草原上

花期：7~8 月

　　多年生草本。秆直立，较细弱，基部呈膝曲状。叶鞘光滑；叶片多少内卷，两面均无毛。穗状花序较紧密，曲折而下垂；小穗多少偏于一侧，成熟后变成黑紫色，含 2~3 小花，仅 1~2 小花发育；颖甚小，几等长，狭长圆形或披针形，先端渐尖；外稃披针形，全部密生微小短毛，具 5 脉，第一外稃顶端延伸成芒，芒粗糙，反曲或展开。

短柄鹅观草 **短柄披碱草** *

Elymus brevipes

科属：禾本科 披碱草属

花期：7~8月　　生境：岩石山地

秆直立，单生或基部具有少数鞘内分蘖而丛生，高 30~60 厘米。叶片质地较硬，干后内卷。穗状花序弯曲或稍下垂，穗轴纤细；小穗有时可偏于穗轴的一侧，含 4~7 朵疏松排列的小花，绿而微带紫色；颖披针形，先端尖至渐尖，具明显的 3 脉，第一颖长 1.5~3 毫米，第二颖长 3~4.5 毫米；外稃披针形，第一外稃顶端有芒，粗糙，反曲；花药黄色。

227

紫芒披碱草 *
Elymus purpuraristatus

科属：禾本科 披碱草属
生境：山沟、山坡草地

花期：7~8 月

　　秆较粗壮，高可达 160 厘米，秆、叶、花序皆被白粉，基部节间呈粉紫色。叶鞘无毛；叶片常内卷。穗状花序直立或微弯曲，细弱，较紧密，呈粉紫色，穗轴边缘具小纤毛，每节具 2 枚小穗；小穗粉绿而带紫色，含 2~3 朵小花；颖披针形至线状披针形，先端具短尖头；第一外稃先端芒长 7~15 毫米，芒紫色；内稃与外稃等长或稍短。

新疆鹅观草 **新疆披碱草** *

Elymus sinkiangensis

二级

花期：7~9月

科属：禾本科 披碱草属

生境：森林边缘、山地草原

　　秆高 60~80 厘米，2 或 3 节。叶鞘光滑；叶舌约 0.3 毫米；叶片平，背面平滑，正面具长柔毛，边缘具缘毛。穗状花序直立，穗轴边缘具缘毛；每节 1 小穗，具 4 或 5 朵小花。颖片披针形，3~5 脉，先端渐尖或具短芒；外稃披针形，上部和近边缘具短硬毛；第一外稃 10~12 毫米；芒下弯，粗糙；内稃与外稃等长。花药黄。

229

无芒披碱草

Elymus sinosubmuticus

科属：禾本科 披碱草属

生境：山坡

花期：8月

　　多年生草本。秆丛生，直立或基部稍膝曲，较细弱；叶鞘短于节间，光滑；叶舌极短而近于无；茎生叶片扁平或内卷。穗状花序较稀疏，通常弯曲，带有紫色；每节通常具 2 枚而接近顶端各节仅具 1 枚小穗，顶生小穗发育或否；小穗近于无柄或具短柄，含 2~3 朵小花；颖长圆形，几相等长，先端锐尖或渐尖，但不具小尖头；外稃披针形，具 5 脉，中脉延伸成一短芒。

毛披碱草
Elymus villifer

二级

科属：禾木科 披碱草属

花期：7~8月　　生境：山沟、低湿草地

　　秆疏丛，直立，高 60~75 厘米。叶鞘密被长柔毛；叶扁平或边缘内卷，两面及边缘被长柔毛。穗状花序微弯曲，穗轴节处膨大，密生长硬毛，棱边具窄翼；小穗于每节生有 2 枚或上部及下部仅具 1 枚，含 2~3 朵小花；颖窄披针形，具 3~4 脉，脉上疏被短硬毛，先端渐尖成长 1.5~2.5 毫米的芒尖；外稃长圆状披针形；内稃与外稃等长。

231

铁竹
Ferrocalamus strictus

科属：禾本科 铁竹属
生境：山坡上

花期：3~5月

　　秆高 5~7 米，粗 2~3.5 厘米，梢头劲直。箨鞘长约为节间的一半，刺毛呈淡黄色；箨舌近截形；箨片直立。叶鞘长10~15 厘米；鞘口繸毛易脱落；叶舌截形；叶片长 30~35 厘米，宽 6~9 厘米，先端长急尖，基部收窄为楔形。圆锥花序一般长30~45 厘米，穗轴无毛；小穗长含小花 3~10 朵，通常多为 5 朵。果实直径约 2 厘米，干后为黑褐色。

贡山竹

Gaoligongshania megalothyrsa

科属：禾本科 贡山竹属

花期：8~11月　　生境：常绿阔叶林下或林中空地

秆高 1~3.5 米。笋粉绿色，有白粉；箨鞘三角状长圆形；箨耳极发达，镰形，紫色；箨舌微呈圆拱形；箨片外翻，边缘有小锯齿。每小枝具 7~9 叶；叶片披针形，先端渐尖，基部楔形或广楔形，下表面灰绿色。圆锥花序；小穗线形，含稀疏排列的 4~9 朵小花，顶生小花不孕，有如外稃之芒。颖披针形，第一颖先端锥形，第二颖颇接近第一颖，具芒。

纪如竹
Hsuehochloa calcarea

科属：禾本科 先骕竹属
生境：石灰岩山地

花期：4月

　　秆圆柱形，高达 1.5 米，直立。节间长 8~18 厘米；秆节稍隆起，每节具多数分枝。箨鞘宿存，短于节间，背面稍具斑点，密被白色易落的柔毛，边缘有白色纤毛；箨耳小，新月形，向外开展，耳缘有繸毛；箨舌很短，顶端有白色纤毛；箨片卵状披针形或披针形，绿色，外翻。末级小枝具 2~4 叶；叶鞘无毛，有光泽，边缘有纤毛；叶耳向外张开。

水禾 *
Hygroryza aristata

科属：禾本科 水禾属

花期：9~10月　　生境：池塘、湖沼或小溪

　　多年生漂浮草本。根状茎细长，节上生羽状须根。茎露出水面的部分长约 20 厘米。叶鞘膨胀，具横脉；叶舌膜质；叶片卵状披针形，下面具小乳状突起，顶端钝，基部圆形，具短柄。圆锥花序长与宽近相等，具疏散分枝，基部为顶生叶鞘所包藏；小穗含 1 小花，颖不存在；内稃与其外稃同质且等长，具 3 脉，中脉被纤毛，顶端尖；鳞被 2，具脉；雄蕊 6，花药黄色。

青海以礼草 青海仲彬草
Kengyilia kokonorica

科属：禾本科 以礼草属

生境：干旱草原、砾石坡地或河边　　花期：7~9 月

秆高 30~50 厘米，花序以下被柔毛，2~3 节，顶端 1 节膝屈状。叶鞘短于节间，叶舌长约 0.4 毫米；叶内卷。穗状花序紧密；小穗绿或带紫色，具 3~5（6）朵小花；颖披针状卵圆形，密被硬毛，芒长 2~3 毫米。外稃背面密被硬毛，5 脉，第一外稃长 6~8 毫米，内稃与外稃近等长。

青海固沙草 *

二级

Orinus kokonorica

科属：禾本科 固沙草属

花期：8 月

生境：草原

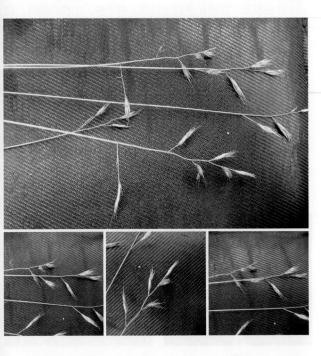

　　多年生，有密生鳞片的根状茎。秆高 30~50 厘米。叶鞘无毛；叶舌膜质，边缘呈纤毛状；叶片常内卷，基部宽 2~3 毫米，易自叶鞘脱落。圆锥花序狭，长 7~19 厘米；小穗有短柄，排列于穗轴的一侧，成熟后呈草黄色，长 7~8.5 毫米，含 3~4（5）朵小花；小穗轴疏生短毛；外稃 3 脉，顶端细齿状或中脉延伸成小尖头，中下部疏生柔毛。

稻属 *（所有种）
Oryza spp.

科属：禾本科 稻属
生境：池塘、溪沟、沟渠、沼泽

叶舌膜质；圆锥花序疏松开展，常下垂；小穗两侧扁，含1两性小花，其下附有2枚退化外稃，颖退化；外稃硬纸质，具5脉，顶端有长芒或尖头，内稃与外稃同质；雄蕊6。中国产2种1亚种，所有种均列入《国家重点保护野生植物名录》二级。

1、疣粒稻 *Oryza meyeriana* subsp. *granulata*
2、药用稻 *Oryza officinalis*
3、野生稻 *Oryza rufipogon*

稻属代表图

药用稻 *Oryza officinalis*　　　野生稻 *Oryza rufipogon*

华山新麦草

Psathyrostachys huashanica

科属：禾本科 新麦草属

花期：5~7月　　生境：山坡道旁岩石残积土

　　植株具斜伸长根茎。秆散生，高 40~60 厘米。叶鞘无毛，长于节间；叶扁平或边缘稍内卷，边缘粗糙。穗状花序长 4~8 厘米，穗轴成熟时逐节断落，侧棱具硬纤毛，背腹面具微毛，每节具 2~3 小穗。小穗黄绿色，具 1~2 朵小花；颖锥形，粗糙。外稃粗糙，第一外稃长 0.8~1 厘米，先端具芒长 5~7 毫米；内稃等长于外稃，具 2 脊，脊上部疏生微小纤毛。

三蕊草
Sinochasea trigyna

科属：禾本科 三蕊草属
生境：高山草甸或山沟冲积坡

花期：8~9 月

　　多年生草本。秆高约 45 厘米。叶舌膜质，具极短的纤毛；叶片常内卷，顶端长渐尖作针状，最上的一枚叶片可退化呈锥状而长仅 1 厘米。圆锥花序紧缩成穗状，狭披针形；分枝直立贴生；小穗含 1 朵小花，上部常带紫色，颖草质，第一颖较长，具 5~6 脉，第二颖常有 4 脉；外稃稍薄于颖，被柔毛，顶端 2 深裂，具 5 脉，主脉由裂口延伸成一膝屈的芒；延伸小穗轴无毛。

拟高粱 **拟高粱** *
Sorghum propinquum

科属：禾本科 高粱属

花期：8~9月　　生境：河岸旁或湿润之地

　　密丛多年生草本。秆直立，节上具灰白色短柔毛。叶鞘无毛，叶舌质较硬；叶片线形或线状披针形，中脉较粗，在两面隆起，绿黄色，边缘软骨质，疏生向上的微细小刺毛。圆锥花序开展，分枝纤细，3~6枚轮生；无柄小穗椭圆形或狭椭圆形，先端尖或具小尖头；颖薄革质，第一颖具9~11脉，第二颖具7脉；第一外稃宽披针形，稍短于颖。颖果倒卵形，棕褐色。

箭叶大油芒
Spodiopogon sagittifolius

科属：禾本科 大油芒属

生境：山地林下

花期：9~10月

　　多年生草本。秆直立，高 60~100 厘米。叶鞘短于其节间，叶舌膜质；叶具柄，叶片线状披针形，基部 2 裂呈箭镞形。圆锥花序；分枝轮生，开展，腋间生柔毛，顶端 1~3 节着生一无柄和一有柄小穗；小穗长约 6 毫米，黄绿色，两颖近相等；外稃与内稃近于等长，透明膜质，边缘具纤毛；第二小花两性，第二外稃狭窄，裂齿间伸出膝屈之芒，芒柱扭转。

中华结缕草 *

Zoysia sinica

二级

科属：禾本科 结缕草属

花期：5~10 月

生境：海边沙滩、河岸或路旁草丛

多年生，具根状茎。秆高 10~30 厘米；叶舌不显著，为一圈纤毛；叶片条状披针形，宽达 3 毫米，边缘常内卷；总状花序长 2~4 厘米，宽约 5 毫米；小穗柄长达 2 毫米；小穗披针形，两侧压扁，紫褐色，长 4~6 毫米，宽 1~1.5 毫米，含两性小花一朵，成熟后整个小穗脱落；第一颖缺；第二颖革质，边缘于下部合生，全部包裹内外稃。

石生黄堇 <small>岩黄连</small>
Corydalis saxicola

科属：罂粟科 紫堇属

生境：石灰岩缝隙中

花期：5~7 月

　　草本。茎萎软或近匍匐。叶具长柄，叶片三角状卵圆形，二回羽状分裂，一回裂片常 5 枚，奇数对生，末回裂片菱形或卵形，前端具粗圆齿。总状花序顶生或与叶对生；花淡金黄色，上花瓣长 1.6~2.5 厘米，距短，占上花瓣全长的 1/4~1/3，末端圆，轻微向下弯曲。蒴果圆柱状镰形弯曲。种子多数，圆形。

久治绿绒蒿

Meconopsis barbiseta

科属：罂粟科 绿绒蒿属

花期：7~9月   生境：高山草甸

一年生草本。植株基部盖以密集的莲座叶残基。叶全部基生，叶片倒披针形，先端钝或圆，基部渐狭而入叶柄，两面被黄褐色刚毛，边缘全缘或微波状。花葶先端细，向基部逐渐增粗，被黄褐色反曲的刚毛，花下毛较密。花单生；花瓣 6，倒卵形至倒卵状长圆形，顶端平截，边缘微波状，蓝紫色，基部紫黑色；花丝丝状，花药长圆形。

红花绿绒蒿
Meconopsis punicea

科属：罂粟科 绿绒蒿属
生境：山坡草地

花期：6~9月

　　叶 12~20 枚，均基生，有长柄；叶片狭倒卵形或倒披针形，有 3 或 5 条主脉，边缘全缘，两面均生短糙毛。花葶 1~6 条，生伸展的糙毛；花单生花葶顶端，下垂；花瓣 4（~6），深红色，狭椭圆形，长达 9 厘米，宽达 4 厘米，顶端钝；雄蕊长达 2.4 厘米，花药长约 3.5 毫米，花丝条形，淡红色；子房卵形，密生黄色糙毛，花柱几不存，柱头短圆柱形。

毛瓣绿绒蒿

Meconopsis torquata

二级

科属：罂粟科 绿绒蒿属

花期：6~9月

生境：高海拔的山坡上

一年生草本。茎直立。基生叶多数，莲座状，叶片倒披针形，先端钝或近急尖，基部楔形，边缘全缘或不规则的波状，两面被黄褐色、具多短分枝的刚毛。花茎粗壮，密被刚毛。花约25朵，紧密排列于茎先端；花瓣4或更多，倒卵形，淡红色，外面疏被刚毛；花丝丝状，花药狭长圆形，黄色；子房倒卵形或椭圆状长圆形，具8棱，柱头近头状。蒴果倒卵形。

古山龙
Arcangelisia gusanlung

科属：防己科 古山龙属

生境：林中

花期：6~7月

　　木质大藤本，长达 10 余米。木质部鲜黄色。小枝无毛。叶革质、宽卵形或宽卵圆形，先端骤尖，基部近平截，稍圆，或近心形，无毛，掌状脉 5；叶柄稍盾状着生，两端肿胀。雄圆锥花序常腋生老茎上，近无毛。雄花花被 3 轮，每轮 3 片，外轮近卵形，边缘啮蚀状，中轮长圆状椭圆形，内轮舟状；聚药雄蕊具 9 花药。果柄粗，果稍扁球形，黄色，后变黑色。

藤枣 二级

Eleutharrhena macrocarpa

科属：防己科 藤枣属

花期：5月　　生境：密林或疏林中

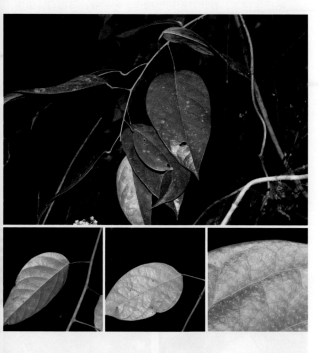

　　木质藤本。叶革质，椭圆形或卵状椭圆形，先端渐尖或近骤尖，基部圆或宽楔形，无毛。羽状脉，侧脉 5~9 对，在两面凸起；叶柄近盾状着生。雄花序具 1~3 花，簇生腋部，花序梗被微柔毛。雄花萼片 12，4 轮，覆瓦状排列，外轮近卵形，内轮倒卵状楔形，最内轮近圆形或宽卵圆形；花瓣 6，宽倒卵形。果柄粗，具 6 个放射状聚合核果；核果椭圆形，黄或红色。

八角莲属（所有种）

***Dysosma* spp.**

科属：小檗科 八角莲属

生境：林下、灌丛中、溪旁阴湿处

多年生草本。根状茎粗短而横走，多须根；茎直立，单生，光滑，基部覆被大鳞片。叶大，盾状。花数朵簇生或组成伞形花序，两性、下垂；萼片6，膜质；花瓣6，暗紫红色；雄蕊6，花丝扁平，外倾；雌蕊单生，花柱显著，柱头膨大，子房1室，有多数胚珠。浆果，红色。种子多数，无肉质假种皮。中国产8种，所有种均列入《国家重点保护野生植物名录》二级。

1. 云南八角莲 *Dysosma aurantiocaulis*
2. 川八角莲 *Dysosma delavayi*
3. 小八角莲 *Dysosma difformis*
4. 贵州八角莲 *Dysosma majoensis*
5. 六角莲 *Dysosma pleiantha*
6. 西藏八角莲 *Dysosma tsayuensis*
7. 八角莲 *Dysosma versipellis*
8. 白毛八角莲 *Dysosma villosa*

八角莲属代表图

云南八角莲 *Dysosma aurantiocaulis*

川八角莲 *Dysosma delavayi*

八角莲属代表图

小八角莲 *Dysosma difformis*

贵州八角莲 *Dysosma majoensis*

六角莲 *Dysosma pleiantha*

西藏八角莲 *Dysosma tsayuensis*

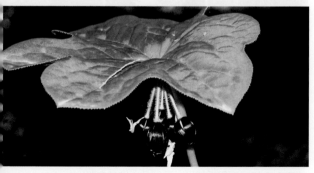

八角莲 *Dysosma versipellis*

小叶十大功劳
Mahonia microphylla

秋 10 11

科属：小檗科 十大功劳属

生境：石灰岩山顶、山脊林下

花期：10~11月

　　灌木，高约1米。叶狭椭圆形，具10~14对小叶，小叶革质，全缘，卵形至卵状椭圆形。总状花序3~12个簇生，花金黄色，具香味；外萼片卵形，中萼片倒卵状长圆形，先端钝圆，内萼片椭圆形，先端钝；花瓣狭椭圆形，基部腺体显著，先端缺裂；雄蕊药隔不延伸，顶端圆形；子房卵形，长约2毫米，无花柱，胚珠2~3枚。浆果近球形，蓝黑色，微被白粉。

靖西十大功劳

二级

Mahonia subimbricata

科属: 小檗科 十大功劳属

花期: 9~11月

生境: 山谷、灌丛中或林中

灌木，高约 1.5 米。叶椭圆形至倒披针形，具 8~13 对小叶，小叶卵形至狭卵形。总状花序 9~13 个簇生；花黄色；外萼片阔卵形，中萼片长圆状卵形，内萼片长圆状倒卵形；花瓣狭椭圆形，与内萼片等长或稍短，基部腺体显著，先端全缘、钝形；雄蕊长约 2.5 毫米，药隔延伸，顶端钝；子房长约 2 毫米，无花柱，胚珠 1~2 枚。浆果倒卵形，黑色，被白粉。

桃儿七
Sinopodophyllum hexandrum

科属：小檗科 桃儿七属

生境：林下、林缘湿地、灌丛中　　花期：5~6月

　　多年生草本，植株高20~50厘米。茎直立，单生。叶2枚，薄纸质，非盾状，基部心形，3~5深裂几达中部，裂片不裂或有时2~3小裂，裂片边缘具粗锯齿；叶柄具纵棱。花大，单生，先叶开放，两性，整齐，粉红色；萼片6，早萎；花瓣6，倒卵形或倒卵状长圆形，先端略呈波状。浆果卵圆形，熟时橘红色；种子卵状三角形，红褐色，无肉质假种皮。

独叶草

Kingdonia uniflora

科属：星叶草科 独叶草属

花期：5~6月 　生境：山地冷杉林下或杜鹃灌丛中

　　小草本无毛。根状茎细长。叶基生，1（~3），具长柄；叶片圆形，5全裂，裂片楔形，浅裂，顶部边缘有小牙齿，下面粉绿色，叶脉二叉状分枝。花葶高7~12厘米。花单个顶生；萼片5~6，淡绿色，卵形，渐尖；无花瓣；退化雄蕊9~11，圆柱形；花柱钻形。瘦果扁，狭倒披针形，宿存花柱反曲。

北京水毛茛 *
Batrachium pekinense

科属：毛茛科 水毛茛属

生境：山谷溪流中

花期：5~8 月

　　多年生沉水草本。茎长 30 厘米以上，分枝。叶有柄；叶片轮廓楔形或宽楔形，二型，沉水叶裂片丝形，上部浮水叶二至三回 3~5 中裂至深裂，裂片较宽，末回裂片短线形；叶柄长 0.5~1.2 厘米，基部有鞘。花直径 0.9~1.2 厘米；花梗长 1.2~3.7 厘米；萼片近椭圆形，有白色膜质边缘，脱落；花瓣白色，宽倒卵形，基部有短爪。

槭叶铁线莲 *

Clematis acerifolia

科属：毛茛科 铁线莲属

花期：4月

生境：低山丘陵石崖或土坡

　　直立小灌木。高30~60厘米，除心皮外其余无毛。根木质，粗壮。老枝外皮灰色，有环状裂痕。叶为单叶，与花簇生；叶片五角形，基部浅心形，通常为不等的掌状5浅裂，中裂片近卵形，侧裂片近三角形，边缘疏生缺刻状粗牙齿；叶柄长2~5厘米。花2~4朵簇生；萼片5~8，开展，白色或带粉红色，狭倒卵形至椭圆形，无毛，雄蕊无毛；子房有柔毛。

黄连属 *（所有种）

Coptis spp.

科属：毛茛科 黄连属
生境：山地林下阴湿处、石壁上

根状茎黄色，生多数须根；花瓣 5~10 或更多，具爪，正面凹陷常分泌花蜜；心皮有柄；蓇葖果具柄，在花托顶端伞形状排列。中国产 7 种 1 变种，所有种均列入《国家重点保护野生植物名录》二级。

1. 黄连 *Coptis chinensis*
2. 短萼黄连 *Coptis chinensis* var. *brevisepala*
3. 三角叶黄连 *Coptis deltoidea*
4. 环江黄连 *Coptis huanjiangensis*
5. 峨眉黄连 *Coptis omeiensis*
6. 五叶黄连 *Coptis quinquefolia*
7. 五裂黄连 *Coptis quinquesecta*
8. 云南黄连 *Coptis teeta*

黄连属代表图

黄连 *Coptis chinensis*

短萼黄连
Coptis chinensis var. *brevisepala*

黄连属代表图

三角叶黄连 *Coptis deltoidea*

峨眉黄连 *Coptis omeiensis*

五叶黄连 *Coptis quinquefolia*

五裂黄连 *Coptis quinquesecta*

云南黄连 *Coptis teeta*

莲 *
Nelumbo nucifera

科属：莲科 莲属

生境：池塘或水田

花期：6~8月

　　多年生水生草本。根状茎横生，长而肥厚，有长节。叶圆形，高出水面；叶柄常有刺。花单生在花梗顶端；萼片4~5，早落；花瓣多数，红色、粉红色或白色，有时逐渐变形成雄蕊；雄蕊多数，药隔先端伸出成一棒状附属物；心皮多数，离生，嵌生于花托穴内；花托于果期膨大，海绵质。坚果椭圆形或卵形；种子卵形或椭圆形。

水青树
Tetracentron sinense

二级

科属：昆栏树科 水青树属
花期：6~7月　生境：沟谷、溪边、林缘

　　落叶乔木，高 10~12 米。树皮红灰色。叶纸质，单生于短枝顶端，卵形，先端渐尖，基部心脏形，边缘密生具腺锯齿，基生脉 5~7 条。穗状花序下垂，生于短枝顶端，花 4 朵成一簇；花直径 1~2 毫米；花被绿色或黄绿色，裂片 4；雄蕊与花被片对生；心皮腹缝连合，花柱离生。蓇葖 4 个轮生，长椭圆形，棕色，腹缝开裂，种子 4~6，条形。

芍药属牡丹组 <small>（所有种，被列入一级保护的卵叶牡丹和紫斑牡丹除外，牡丹未列入名录）</small>

***Paeonia* sect. *Moutan* spp.** (excl. *P. qiui, P. rockii & P. suffruticosa*)

科属：芍药科 芍药属
生境：疏林和林缘、山坡灌丛

灌木或多年生草本。根圆柱形或具纺锤形的块根；叶通常为二回三出复叶；单花顶生或数朵生茎顶和茎上部叶腋，大型；苞片披针形，叶状，宿存；萼片宽卵形，大小不等；花瓣倒卵形；雄蕊多数；花盘杯状或盘状，革质或肉质；心皮多离生，胚珠多数，沿心皮腹缝线排成二列；蓇葖果。中国产 13 种 3 亚种，除卵叶牡丹、紫斑牡丹、牡丹外，其余种列入《国家重点保护野生植物名录》二级。

1. 中原牡丹 *Paeonia cathayana*
2. 四川牡丹 *Paeonia decomposita*
3. 圆裂四川牡丹 *Paeonia decomposita* subsp. *rotundiloba*
4. 滇牡丹 *Paeonia delavayi*
5. 矮牡丹 *Paeonia jishanensis*
6. 大花黄牡丹 *Paeonia ludlowii*
7. 杨山牡丹 *Paeonia ostii*
8. 太白山紫斑牡丹 *Paeonia rockii* subsp. *atava*
9. 林氏牡丹 *Paeonia rockil* subsp. *linyanshanii*
10. 圆裂牡丹 *Paeonia rotundiloba*
11. 银屏牡丹 *Paeonia suffruticosa* subsp. *yinpingmudan*
12. 保康牡丹 *Paeonia × baokangensis*
13. 延安牡丹 *Paeonia × yananensis*

芍药属牡丹组代表图

四川牡丹 *Paeonia decomposita*

滇牡丹 *Paeonia delavayi*

矮牡丹 *Paeonia jishanensis*

大花黄牡丹 *Paeonia ludlowii*

杨山牡丹 *Paeonia ostii*

263

卵叶牡丹 *

Paeonia qiui

科属: 芍药科 芍药属

生境: 崖壁上

花期: 4~5月

　　落叶灌木, 高 60~80 厘米。二回三出复叶, 小叶 9, 多为卵形或卵圆形, 先端钝尖, 基部圆形, 多全缘, 上面多为紫红色, 下面浅绿色, 仅顶生小叶有时 2 浅裂或具齿。花单生枝顶, 花瓣 5~9, 粉或粉红色; 雄蕊 80~120, 花丝粉或粉红色, 花药黄色; 花柱极短; 柱头扁平, 多紫红色。蓇葖果 5, 纺锤形, 密被金黄色硬毛。种子卵圆形, 黑色而有光泽。

紫斑牡丹 *

Paeonia rockii

科属：芍药科 芍药属

花期：4~5月　　生境：林中

　　落叶灌木。茎皮褐灰色。叶二或三回羽状复叶，小叶 19，卵状披针形，基部圆钝，先端渐尖，多全缘，少数（常常是顶生小叶）3 深裂。花单朵顶生，径达 19 厘米；花瓣通常白色，稀淡粉红色，基部内面具一大紫色斑块；雄蕊极多数，花丝和花药全为黄色；花盘花期全包心皮，黄色；心皮 5，密被绒毛，柱头黄色。蓇葖果长椭圆形。

白花芍药 *
Paeonia sterniana

科属：芍药科 芍药属
生境：山地林下

花期：5月

　　多年生草本。茎高 50~90 厘米。下部叶为二回三出复叶，上部叶 3 深裂或近全裂；顶生小叶 3 裂至中部或 2/3 处，侧生小叶不等 2 裂，裂片再分裂。花 1 朵，径 8~9 厘米；苞片 3~4，叶状，不等大；萼片 4，卵形，干时带红色；花瓣粉白色，倒卵形；心皮 3~4。蓇葖果卵圆形，成熟时鲜红色，果皮反卷，顶端无喙或喙极短。

赤水蕈树

Altingia multinervis

科属：蕈树科 蕈树属

花期：3~5月　　生境：林下

常绿乔木。叶革质，卵形或卵状椭圆形，先端渐尖，基部圆或钝，稍不等侧；侧脉 10~14 对，干后在上面显著或稍突起，在下面明显突起；边缘有钝锯齿，或靠近基部全缘。头状果序圆球形，有蒴果 10~18 个；果序柄长 2~3.5 厘米；蒴果几全部藏在头状果序轴内，无宿存花柱，萼齿鳞片状或小瘤状。

山铜材

Chunia bucklandioides

科属：金缕梅科 山铜材属

生境：沟谷季雨林中

花期：3~6月

　　常绿乔木，高20米。叶厚革质，卵圆形，不分裂或掌状3浅裂，全缘，掌状脉5条。穗状花序纺锤形，花后增大，具10~16花；花两性，无花被；雄蕊8，花药卵形，长3毫米，红色，花丝圆柱形；子房下位，有星状毛，2室，多数胚珠生中轴胎座上，花柱2，极短，柱头生多数小乳突。蒴果两爿裂开，果爿木质；种子纺锤形。

长柄双花木

Disanthus cercidifolius subsp. *longipes*

科属：金缕梅科 双花木属

花期：10月　　生境：溪边林下

　　落叶灌木，高达4米。多分枝。叶宽卵形，先端钝或圆，基部心形，掌状脉5~7，全缘。头状花序腋生，苞片连生成短筒状；萼筒长1毫米，萼齿卵形；花瓣红色，窄披针形；雄蕊较花瓣短，花药卵形；子房无毛，花柱长1~1.5毫米。蒴果倒卵圆形，顶端近平截，上部2瓣裂。种子长圆形，黑色，有光泽。

四药门花
Loropetalum subcordatum

科属：金缕梅科 檵木属

生境：路边

花期：4~6月

　　常绿灌木或小乔木，高达 12 米。叶革质，卵状或椭圆形；托叶披针形。头状花序腋生，有花约 20 朵；苞片线形。花两性，萼筒被星毛，萼齿 5 个，矩状卵形；花瓣 5 片，带状，白色；雄蕊 5 个，花丝极短，花药卵形；退化雄蕊叉状分裂；子房有星毛。蒴果近球形，有褐色星毛，萼筒长达蒴果 2/3。种子长卵形，黑色；种脐白色。

银缕梅 一级

Parrotia subaequalis

接受名：***Shaniodendron subaequale***

科属：金缕梅科 银缕梅属

花期：5月　　　生境：山地林中

　　落叶小乔木。芽及幼枝被星状毛。叶互生，薄革质，椭圆形，具不整齐粗齿。短穗状花序腋生及顶生，具3~7朵；雄花与两性花同序，外轮1~2朵为雄花，内轮4~5朵为两性花。花无梗，萼筒浅杯状，萼具不整齐钝齿；无花瓣。蒴果木质，长圆形，被毛，萼筒宿存果及萼筒均密被黄色星状柔毛。种子褐色有光泽。

271

连香树

Cercidiphyllum japonicum

科属：连香树科 连香树属

生境：山谷或林缘

花期：4月

　　大乔木，高达 20 米。树皮灰色。短枝之叶近圆形、宽卵形，长枝之叶椭圆形或三角形，掌状脉 7。花两性，雄花常 4 朵簇生，近无梗，苞片花期红色，膜质，卵形；雌花 2~5（~8）朵，簇生。蓇葖果 2~4，荚果状，微弯。种子数个，扁平四角形，褐色。

长白红景天

Rhodiola angusta

科属：**景天科 红景天属**

花期：**7~8月**

生境：**高山草原或山坡石缝中**

　　多年生草本。主根常不分枝。根颈直立，细长，残留老枝少数，顶端被三角形鳞片。花茎 1~5，直立，稻秆色，密生叶。叶互生，线形，基部稍窄，全缘或上部有 1~2 牙齿。伞房状花序。雌雄异株。萼片 4，线形，稍不等长；花瓣 4，黄色，长圆状披针形；雄蕊 8；鳞片 4，近四方形，先端稍平或微缺。蓇葖果 4，紫红色，直立，先端稍外弯。种子披针形。

273

大花红景天
Rhodiola crenulata

6 7 夏

科属：景天科 红景天属
生境：山坡草地、灌丛或石缝中

花期：6~7月

多年生草本。地上根颈短。不育枝直立，顶端密生叶，叶宽倒卵形，长 1~3 厘米。花茎多，直立或扇状排列。叶椭圆状长圆形或近圆形。花序伞房状，多花，有苞片。花大，有长梗，雌雄异株：雄花萼片 5，窄三角形或披针形；花瓣 5，红色，倒披针形，有长爪。蓇葖 5，直立，花枝短，干后红色。种子倒卵形，两端有翅。

长鞭红景天
Rhodiola fastigiata

科属：景天科 红景天属
花期：6~8月　　生境：山坡石上

　　多年生草本。花茎4~10，着生主轴顶端，长8~20厘米，叶密生。叶互生，线状长圆形、线状披针形、椭圆形或倒披针形，先端钝，全缘，被微乳头状凸起；基部无柄。花序伞房状，长1厘米。雌雄异株；花密生。萼片5，线形或长三角形，花瓣5，红色，长圆状披针形；雄蕊10；鳞片5，横长方形，先端微缺；心皮5，披针形，直立。膏葖果直立。

喜马红景天 喜马拉雅红景天
Rhodiola himalensis

科属：景天科 红景天属

生境：山坡、林下或灌丛中

花期：5~6月

多年生草本。根颈伸长，老的花茎残存，先端被三角形鳞片。花茎直立，常带红色，被多数透明的小腺体。叶互生，疏覆瓦状排列，披针形至倒披针形，先端急尖至有细尖，基部圆，无柄，全缘或先端有齿，中脉明显。花序伞房状，花梗细；雌雄异株；萼片4或5，狭三角形，基部合生；花瓣4或5，深紫色，长圆状披针形；雄蕊8或10，鳞片长方形。

四裂红景天
Rhodiola quadrifida

科属：景天科 红景天属

花期：5~6月　　生境：沟边或山坡石缝中

　　多年生草本，主根长达18厘米。老茎宿存，常100以上。花茎直立，叶密生。叶互生，无柄，披针形或线状披针形，全缘。伞房花序花少数。花梗与花等长或较短；萼片4，线状披针形；花瓣4，紫红色，长圆状倒卵形，长4毫米；雄蕊8，与花瓣等长或稍长；鳞片4，近长方形。蓇葖4，披针形，直立，有反折短喙，成熟时暗红色。

红景天

Rhodiola rosea

科属：景天科 红景天属

生境：山坡林下或草坡

花期：4~6月

多年生草本。根粗壮，直立。叶疏生，长圆形至椭圆状倒披针形或长圆状宽卵形，先端急尖或渐尖，全缘或上部有少数牙齿，基部稍抱茎。花序伞房状，密集多花，雌雄异株；萼片4，披针状线形；花瓣4，黄绿色，线状倒披针形或长圆形，钝；雄花中雄蕊8，较花瓣长；鳞片4，长圆形，上部稍狭，先端有齿状微缺；蓇葖披针形或线状披针形；种子披针形。

库页红景天
Rhodiola sachalinensis

二级

科属：景天科 红景天属

花期：4~6月　　生境：山坡林下、碎石山坡及冻原

多年生草本，高 10~15 厘米。根粗壮，常直立；根颈短粗，顶端被鳞叶。花茎高达 30 厘米，下部的叶较小，疏生，上部叶较密生，叶长圆状匙形或长圆状披针形，基部楔形，上部有粗牙齿，下部近全缘。聚伞花序，多花。雌雄异株；萼片 4，披针状线形，花瓣 4，淡黄色，线状倒披针形或长圆形。蓇葖果披针形或线状披针形，直立。

圣地红景天
Rhodiola sacra

科属：景天科 红景天属

生境：山坡石缝中

花期：8 月

　　多年生草本。主根粗，分枝。花茎少数，直立，不分枝，稻秆色，叶沿花茎全部着生，互生，倒卵形或倒卵状长圆形，先端急尖，钝，基部楔形。伞房状花序花少数；两性；萼片 5，狭披针状三角形；花瓣 5，白色，狭长圆形，全缘或略啮蚀状；雄蕊 10，花丝淡黄色，花药紫色。蓇葖直立；种子长圆状披针形，褐色。

唐古红景天

Rhodiola tangutica

二级

科属：景天科 红景天属

花期：5~8月　生境：高山石缝中或近水边

　　年生草本。主根粗长，分枝。雌雄异株。雄株高 10~17 厘米；叶线形；花序紧密，伞房状；萼片 5，线状长圆形，花瓣 5，粉红色，长圆状披针形；雄蕊 10。雌株花茎果时高 15~30 厘米。叶线形，花序伞房状；萼片 5，线状长圆形，钝；花瓣 5，长圆状披针形，先端钝渐尖；鳞片 5，横长方形，先端有微缺；蓇葖 5，直立，狭披针形，喙短，直立或稍外弯。

粗茎红景天
Rhodiola wallichiana

科属：景天科 红景天属
生境：山坡林下石上

花期：8~9月

多年生草本。根茎横走，分枝少。老的花茎不残留或少数残留。花茎少数，有3~5个。叶多数，线状倒披针形至披针形，两端渐狭，无柄，两侧上部各有1~3个疏锯齿。花序伞房状，顶生，有叶；花两性，少有单性异株的；萼片5，线形，钝；花瓣5，淡红色或淡绿色或黄白色，倒卵状椭圆形，钝。蓇葖直立，披针形，基部狭；种子有翅。

云南红景天
Rhodiola yunnanensis

二级

科属：景天科 红景天属

花期：5~7月　　生境：山坡林下

多年生草本。根颈粗，长，不分枝或少分枝。花茎单生，高可达 100 厘米，直立，圆。3 叶轮生，卵状披针形、椭圆形、卵状长圆形至宽卵形，先端钝，基部圆楔形，边缘多少有疏锯齿，下面苍白绿色。聚伞圆锥花序，多次三叉分枝；雌雄异株，稀两性花；雄花小，多，萼片 4，披针形；花瓣 4，黄绿色，匙形；雄蕊 8。蓇葖星芒状排列。

乌苏里狐尾藻 *
Myriophyllum ussuriense

科属：小二仙草科 狐尾藻属

生境：小池塘或沼泽地水中

花期：5~6月

　　水生草本。茎圆柱形，不分枝。叶3或4轮生，长5~10毫米，羽状分裂，裂片短，线形，茎上部叶不分裂，线形。花腋生，雌雄异株，无花梗；苞片比花短，全缘；雄花花瓣4，狭倒卵形，长约2.5毫米，雄蕊8，花药长约1.5毫米；雌花花萼壶状，有小疣状突起，子房下位，4室，柱头4裂。果圆卵形，小，有4条浅沟。

锁阳 *
Cynomorium songaricum

二级

科属：锁阳科 锁阳属

花期：5~7 月　　生境：草原、荒漠、河边、湖边

多年生寄生草本，无叶绿素，高 10~100 厘米。茎圆柱状，暗紫红色，有散生鳞片。穗状花序生于茎顶，棒状、矩圆形或狭椭圆形，生密集的花和鳞片状苞片；花杂性，暗紫色，有香气；雄花花被裂片 1~6，条形；雄蕊 1，长于花被，退化雌蕊不显著或有时呈倒卵状白色突起；雌花花被片棒状；子房下位或半下位，1 室，花柱棒状。坚果球形，很小。

285

百花山葡萄
Vitis baihuashanensis

科属：葡萄科 葡萄属
生境：山地林中

花期：6月

　　落叶木质藤本。小枝圆柱形，红褐色，被灰白色柔毛，其后脱落至几无毛。卷须先端二分叉。叶通常鸟足状复叶，具5小叶；小叶具细柄，小叶柄长1~1.5厘米，中间小叶均为菱形，中部以下通常3深裂，边缘具粗齿，基部一对小叶斜卵形、稍小、2深裂或全裂、上面光滑，下面沿叶脉疏被白色柔毛。圆锥花序。浆果球形，熟时紫黑色。

浙江蘡薁
Vitis zhejiang-adstricta

科属：葡萄科 葡萄属

花期：5~6月　　生境：山谷溪边

　　木质藤本。卷须二叉分枝，每隔二节间断与叶对生。叶为单叶，卵形或五角状卵圆形，3~5 浅裂至深裂；基部 5 出脉，中脉有侧脉 3~5 对；叶柄长 2~4 厘米，疏被短柔毛。果序圆锥状，长 3.5~8 厘米；果序梗长 1~3 厘米；苞片狭三角形，具短缘毛，脱落；果梗长 2~3 毫米，无毛。果实球形，直径 0.6~0.8 厘米。

四合木
Tetraena mongolica

科属：蒺藜科 四合木属
生境：荒漠、低山山坡、河流坂地　　花期：5~6月

　　灌木，高 40~80 厘米。老枝弯曲，一年生枝黄白色。托叶卵形，白色；叶近无柄，叶片倒披针形，先端锐尖，有短刺尖，两面密被伏生叉状毛，呈灰绿色，全缘。花单生于叶腋，萼片4，卵形，表面被叉状毛，呈灰绿色；花瓣4，白色。果4瓣裂，果瓣长卵形或新月形，两侧扁，灰绿色，花柱宿存。种子矩圆状卵形。

沙冬青

Ammopiptanthus mongolicus

二级

科属：豆科 沙冬青属

花期：4~5月

生境：沙丘或河滩边台地

　　常绿灌木。小枝密生平贴短柔毛。叶为掌状三出复叶，少有单叶；托叶小，与叶柄连合而抱茎；叶柄密生银白色短柔毛；小叶菱状椭圆形或阔披针形，先端急尖或钝，微凹，基部楔形，两面密生银白色绵毛。总状花序顶生；花互生，密；苞片卵形，有白色短柔毛；萼筒状，疏生柔毛；花冠黄色。荚果扁平，长椭圆形，无毛，具种子 2~5 粒。

棋子豆
Archidendron robinsonii

科属：豆科 猴耳环属

生境：山谷密林中　　　　　　花期：5 月

　　乔木，高 8~9 米，小枝圆柱形。二回羽状复叶，羽片 1 对；小叶 3 对，对生或近对生，椭圆形，披针形或倒卵形。花 4~5 朵组成头状花序，再排成腋生圆锥花序；花蕾卵状圆柱形，花萼壶形或杯状，萼齿不明显；花冠漏斗状或钟状，花冠管无毛。荚果劲直，圆柱形，果瓣革质，棕色；种子达 7 颗，两端的陀螺形，中部的棋子形，种皮脆壳质，棕色。

丽豆 *

Calophaca sinica

科属：豆科 丽豆属

花期：5~6月

生境：山谷阴坡和山地灌丛中

灌木，树皮剥落。羽状复叶；小叶 5~9，椭圆形，先端圆或近截形，基部圆形或微呈心形；托叶近膜质，披针形，与叶柄基部连合，宿存。总状花序腋生，较叶长；花长 25~30 毫米；花萼圆筒状，偏斜，密生腺毛；花冠黄色；子房密生白色长柔毛。荚果矩圆形，密生腺毛和白色长柔毛，先端有细长的宿存花柱。

黑黄檀
Dalbergia cultrata

科属：豆科 黄檀属
生境：山坡混交林中

花期：2 月

高大乔木。羽状复叶；小叶 5~6 对，革质，卵形或椭圆形，先端圆或凹缺，具凸尖，基部钝或圆。圆锥花序腋生；花萼钟状，萼齿 5，上方 2 枚圆锥，近合生，侧方 2 枚三角形，先端急尖，下方 1 枚较其余的长 1/2；花冠白色，花瓣具长柄，旗瓣阔倒心形，翼瓣椭圆形，龙骨瓣弯拱。荚果长圆形至带状，有种子 1~2 粒；种子肾形，扁平。

海南黄檀
Dalbergia hainanensis

二级

科属：豆科 黄檀属
花期：3~4月　生境：山地疏或密林中

　　乔木，高9~16米。羽状复叶；小叶4~5对，卵形或椭圆形，先端短渐尖，常钝头，基部圆形或阔楔形。圆锥花序腋生，花初时近圆形，极小；副萼状小苞片阔卵形；花萼萼齿5，不相等，花冠粉红色，旗瓣倒卵状长圆形，翼瓣菱状长圆形，内侧有下向的耳，龙骨瓣较短，亦具耳。荚果长圆形，倒披针形或带状，直或稍弯，顶端急尖，基部楔形，果瓣被褐色短柔毛。

降香 <small>降香黄檀</small>
Dalbergia odorifera

科属：豆科 黄檀属

生境：中海拔山坡疏林中、林缘　　花期：4~6月

　　乔木，高10~15米。羽状复叶；小叶4~6对，卵形或椭圆形，先端急尖而钝，基部圆形或宽楔形。圆锥花序腋生，由多数聚伞花序组成；花萼钟状，下方1枚萼齿较长，披针形，其余宽卵形；花冠淡黄色或乳白色，花瓣近等长，具柄，旗瓣倒心形，翼瓣长圆形，龙骨瓣半月形，背弯拱。荚果舌状长圆形，通常有1种子。种子肾形。

卵叶黄檀 二级

Dalbergia ovata

科属：豆科 黄檀属

花期：1~2月   生境：山区密林中

　　乔木，高 8~12m。羽状复叶长；小叶 5~7 枚，革质，椭圆形或卵状长圆形，互生，有先端渐尖，基部圆形。圆锥花序腋生，大型；花萼钟状，萼齿 5 枚；花冠白色，旗瓣长圆形，有时倒卵状，先端凹缺，翼瓣阔卵形，龙骨瓣镰形，与翼瓣内侧同具向下耳，龙骨瓣耳更大。荚果长圆形至带状；种子 1~2 枚，长圆形至肾形，扁平。

格木
Erythrophleum fordii

科属：豆科 格木属

生境：山地密林或疏林中

花期：5~6月

常绿乔木，高6~12米。二回羽状复叶；羽片4~6，近对生；小叶5~13，互生，卵形或卵状椭圆形，微偏斜，先端渐尖或骤尖，基部近圆形，无毛。总状花序圆柱形，数枚排列为腋生的圆锥花序；萼钟状，裂片5，有短柔毛；花冠白色；雄蕊10枚，花丝长为花瓣的2倍；子房密生短柔毛，有子房柄。荚果扁平，革质，成熟时开裂。

山豆根 *
Euchresta japonica

科属：豆科 山豆根属

花期：5~8月　　生境：山谷或山坡密林中

　　藤状灌木，几不分枝。茎上常生不定根。叶具小叶3；小叶椭圆形。总状花序；花萼杯状，内外均被短柔毛；花冠白色，旗瓣瓣片长圆形，长1厘米，先端钝圆，不凹，基部外面疏被短柔毛，瓣柄线形，稍后折，翼瓣椭圆形，瓣片长9毫米，瓣柄卷曲，线形，龙骨瓣上半部黏合，基部有小耳。荚果椭圆形，顶端具细尖，黑色，光滑。

绒毛皂荚

Gleditsia japonica var. *velutina*

科属：豆科 皂荚属

生境：山地、路边疏林中　　花期：4~6月

　　落叶乔木或小乔木。刺略扁，常分枝。叶为一或二回羽状复叶，羽片 2~6 对；小叶 3~10 对，卵状长圆形，二回羽状复叶的小叶显著小于一回羽状复叶的小叶。花黄绿色，组成穗状花序；雄花花瓣 4，椭圆形；雌花萼片和花瓣均为 4~5，形状与雄花的相似。荚果带形，扁平，不规则旋扭或弯曲作镰刀状，荚果上密被黄绿色绒毛。

野大豆 *

Glycine soja

二级

科属：豆科 大豆属

花期：7~8月

生境：田边、沼泽、沿海岛屿

一年生缠绕草本。茎细瘦，各部有黄色长硬毛。小叶3，顶生小叶卵状披针形，先端急尖，基部圆形，侧生小叶斜卵状披针形；托叶卵状披针形，急尖，有黄色柔毛。总状花序腋生；花梗密生黄色长硬毛；萼钟状1萼齿，上唇2齿合生，披针形，有黄色硬毛；花冠紫红色，长约4毫米。荚果矩形，密生黄色长硬毛；种子2~4粒，黑色。

烟豆 *

Glycine tabacina

科属：豆科 大豆属

生境：海边岛屿的山坡或草地上　　花期：3~7 月

　　多年生草本。茎纤细而匍匐。叶具 3 小叶，侧生小叶与顶生小叶疏离；托叶小，披针形。总状花序柔弱延长，花疏离，生于短柄上，在植株下部常单生于叶腋，或 2~3 朵聚生。花萼钟状，裂片 5，三角形，长于萼管；花冠紫色至淡紫色；旗瓣大，圆形，有瓣柄，翼瓣与龙骨瓣较小，有耳，具瓣柄。荚果长圆形而劲直；种子 2~5 颗，圆柱形。

短绒野大豆 *
Glycine tomentella

二级

花期：7~8月

科属：豆科 大豆属
生境：沿海及岛屿的干旱坡地

　　多年生缠绕或匍匐草本。茎粗壮，全株通常密被黄褐色的绒毛。叶具 3 小叶；小叶纸质，椭圆形或卵圆形，先端钝圆形，具短尖头，基部圆形。总状花序，被黄褐色绒毛。花单生或2~7 朵簇生于顶端；花萼钟状，裂片 5；花冠淡红色、深红色至紫色，旗瓣大，翼瓣与龙骨瓣较小。荚果扁平而直；种子 1~4 颗，扁圆状方形。

胀果甘草 乌拉尔甘草
Glycyrrhiza inflata

科属：豆科 甘草属

生境：河岸阶地、水边、农田边　　花期：5~7 月

多年生草本。茎直立，高 0.5~1.5 米。羽状复叶，有小叶 3~7；小叶卵形、椭圆形或长圆形，基部近圆，先端锐尖或钝，边缘微波状，两面被黄褐色腺点，沿脉疏被短柔毛。总状花序腋生。花萼钟状，密被橙黄色腺点和柔毛，萼齿 5；花冠紫或淡紫色。荚果椭圆形或长圆形，直，膨胀，被褐色腺点和刺毛状腺体，疏被长柔毛。种子 1~4 颗，圆形。

甘草

Glycyrrhiza uralensis

二级

科属：豆科 甘草属

花期：6~8月

生境：干旱沙地、河岸沙质地

　　多年生草本。茎高 0.3~1.2 米。羽状复叶；小叶 5~17，卵形、长卵形或近圆形，基部圆，先端钝，全缘或微呈波状。总状花序腋生。花萼钟状，萼齿 5，上方 2 枚大部分连合；花冠紫、白或黄色；子房密被刺毛状腺体。荚果线形，弯曲呈镰刀状或环状，外面有瘤状突起和刺毛状腺体，密集成球状。种子 3~11 颗，圆形或肾形。

浙江马鞍树
Maackia chekiangensis

科属：豆科 马鞍树属

生境：林中

花期：6月

　　灌木，高 1~1.5 米。小枝灰褐色，有白色皮孔。叶长 17~20.5 厘米；小叶 9~11，对生或近对生，卵状披针形。总状花序，3 枚分枝集生枝顶或腋生。花萼钟形，萼齿 5，上方 2 齿大部分合生；花冠白色，旗瓣长圆形，翼瓣与龙骨瓣稍短于旗瓣。荚果椭圆形、卵形或长圆形。

（所有种，被列入一级保护的小叶红豆除外。）**红豆属**

***Ormosia* spp. (excl. *O. microphylla*)**

科属：豆科 红豆属

生境：山坡、山谷混交林中

乔木。裸芽，或为大托叶所包被；奇数羽状复叶，稀单叶或为3小叶；圆锥花序或总状花序顶生或腋生；花萼钟形，5齿裂，花瓣具瓣柄，龙骨瓣分离；雄蕊10，花丝分离或基部有时稍连合成皿状与萼筒愈合，不等长；子房具胚珠1至数粒；荚果扁平，2瓣裂，稀不裂；种子1至数粒，种皮鲜红色、暗红色或黑褐色。中国产37种2亚种2变型，除小叶红豆外，其余种列入《国家重点保护野生植物名录》二级。

1. 喙顶红豆 *Ormosia apiculata*

2. 长脐红豆 *Ormosia balansae*

3. 博罗红豆 *Ormosia boluoensis*

4. 厚荚红豆 *Ormosia elliptica*

5. 凹叶红豆 *Ormosia emarginata*

6. 蒲桃叶红豆 *Ormosia eugeniifolia*

7. 锈枝红豆 *Ormosia ferruginea*

8. 肥荚红豆 *Ormosia fordiana*

9. 台湾红豆 *Ormosia formosana*

10. 光叶红豆 *Ormosia glaberrima*

11. 河口红豆 *Ormosia hekouensis*

12. 恒春红豆 *Ormosia hengchuniana*

13. 花榈木 *Ormosia henryi*

14. 红豆树 *Ormosia hosiei*

15. 缘毛红豆 *Ormosia howii*

16. 韧荚红豆 *Ormosia indurata*

17. 胀荚红豆 *Ormosia inflata*

18. 纤柄红豆 *Ormosia longipes*

19. 云开红豆 *Ormosia merrilliana*

20. 绒毛小叶红豆 *Ormosia microphylla* var. *tomentosa*

21. 南宁红豆 *Ormosia nanningensis*

22. 那坡红豆 *Ormosia napoensis*

23. 秃叶红豆 *Ormosia nuda*

24. 榄绿红豆 *Ormosia olivacea*

25. 茸荚红豆 *Ormosia pachycarpa*

26. 薄毛茸荚红豆 *Ormosia pachycarpa* var. *tenuis*

27. 菱荚红豆 *Ormosia pachyptera*

28. 屏边红豆 *Ormosia pingbianensis*

29. 海南红豆 *Ormosia pinnata*

30. 柔毛红豆 *Ormosia pubescens*

31. 紫花红豆 *Ormosia purpureiflora*

32. 岩生红豆 *Ormosia saxatilis*

33. 软荚红豆 *Ormosia semicastrata*

34. 荔枝叶红豆 *Ormosia semicastrata* f. *litchiifolia*

35. 苍叶红豆 *Ormosia semicastrata* f. *pallida*

36. 亮毛红豆 *Ormosia sericeolucida*

37. 单叶红豆 *Ormosia simplicifolia*

38. 槽纹红豆 *Ormosia striata*

39. 木荚红豆 *Ormosia xylocarpa*

40. 云南红豆 *Ormosia yunnanensis*

红豆属代表图

凹叶红豆 *Ormosia emarginata*

肥荚红豆 *Ormosia fordiana*

花榈木 *Ormosia henryi*

红豆树 *Ormosia hosiei*

海南红豆 *Ormosia pinnata*

软荚红豆 *Ormosia semicastrata*

小叶红豆
Ormosia microphylla

科属：豆科 红豆属

生境：密林中

花期：4~5月

    灌木或乔木，高 3~10 米。树皮灰褐色，不裂。小枝、叶柄和叶轴密被锈褐色短柔毛。近对生；小叶 11~15，椭圆形先端急尖，基部圆，纸质，上面榄绿色，无毛或疏被毛。花序顶生，花未见。荚果近菱形或长椭圆形，压扁，顶端有小尖头，果瓣厚革质或木质，黑褐色或黑色，有光泽，内壁有横膈膜，具 3~4 种子。种子椭圆形，红色，坚硬，微有光泽。

（所有种） **冬麻豆属**

冬麻豆属

Salweenia spp.

二级

科属: 豆科 冬麻豆属
生境: 多石山坡或河谷沙砾土上

常绿灌木。奇数羽状复叶；托叶草质，无小托叶；小叶对生，线形，全缘，花簇生枝顶；花萼钟状，萼齿5，正三角形，上方2齿部分合生；旗瓣先端微凹，翼瓣长圆形，龙骨瓣舟状；雄蕊二体，花药同型，背着，花盘贴生花萼内面基部；子房具长柄；荚果线状长圆形，扁平，具果颈，2瓣开裂；种子近心形，压扁。中国产2种，所有种均列入《国家重点保护野生植物名录》二级。

1. 雅砻江冬麻豆 *Salweenia bouffordiana*
2. 冬麻豆 *Salweenia wardii*

冬麻豆属代表图

雅砻江冬麻豆 *Salweenia bouffordiana*

冬麻豆 *Salweenia wardii*

油楠

Sindora glabra

科属：豆科 油楠属
生境：中海拔山地混交林内

花期：4~5月

乔木，高可达 20 米。羽状复叶具小叶 6~8 个；小叶微偏斜，革质，椭圆形或长椭圆形，先端急尖或骤尖，基部钝形或圆。顶生的圆锥花序，密生黄色毛；萼外面密生黄棕色绒毛，有软刺；萼片 4，二型，最上面的阔卵形，其他 3 片椭圆状披针形；花瓣 1，被包于最上面萼片内，外面密生长柔毛。荚果圆形或圆卵形，有粗大的刺，具种子 1 个。

广豆根 **越南槐**

Sophora tonkinensis

科属：豆科 苦参属

花期：5~7 月

生境：石山或石灰岩山地灌木林中

灌木，高 1~2 米，有时攀缘状。叶长 10~15 厘米；小叶 11~17，向基部渐小，椭圆形或卵状长圆形。总状花序顶生，长 10~30 厘米。花萼杯状，萼齿尖齿状；花冠黄白色，旗瓣近圆形，翼瓣稍长，基部一侧具耳，龙骨瓣最长。荚果串珠状，稍扭曲，疏被毛，2 瓣裂，具 1~3 颗种子。种子卵圆形，黑色。

海人树
Suriana maritima

科属：海人树科 海人树属

生境：海岛边缘的沙地或石缝中

花期：7~8 月

灌木或小乔木，高 1~3 米。分枝密，小枝常有小瘤状的疤痕。叶常聚生在小枝的顶部，线状匙形，全缘。聚伞花序腋生，有花 2~4 朵；苞片披针形，被柔毛；萼片卵状披针形，有毛；花瓣黄色，覆瓦状排列，倒卵状长圆形或圆形，具短爪，脱落。果有毛，近球形，长约 3.5 毫米，具宿存花柱。

太行花 二级

Geum rupestre

科属：蔷薇科 路边青属

花期：5~8月 生境：阴坡崖壁上

多年生草本。根茎粗壮，伸入石缝。花葶高 4~15 厘米，仅有 1~5 枚对生或互生的苞片，苞片 3 裂。基生叶为单叶，卵形或椭圆形，顶端圆钝，基部截形或圆形，边缘有粗大钝齿或波状圆齿。花雄性和两性同株或异株，单生花葶顶端，花开放时直径 3~4.5 厘米；萼筒陀螺形，萼片浅绿色，卵状椭圆形；花瓣白色，倒卵状椭圆形，顶端圆钝。瘦果。

山楂海棠 *
Malus komarovii

科属：蔷薇科 苹果属
生境：灌木丛中

花期：5月

　　灌木或小乔木，高达3米。叶宽卵形，通常中部明显3深裂，基部常具1对浅裂，上半部常具不规则浅裂或不裂，裂片长圆卵形。伞形花序有6~8花；花径约3.5厘米；萼筒钟状，外面密被绒毛，萼片三角披针形，内面密被绒毛，外面近无毛，长于萼筒；花瓣倒卵形，白色。果椭圆形，径1~1.5厘米，红色，果心先端分离，萼片脱落。

丽江山荆子 *
Malus rockii

二级

科属：蔷薇科 苹果属

花期：5~6月　　生境：山谷林中

　　乔木，高达 10 米。枝多下垂。叶椭圆形或长圆状卵形，先端渐尖，基部圆或宽楔形，有不等紧贴细锯齿，上面中脉稍带柔毛，下面沿脉被短柔毛。近伞形花序，具 4~8 花；花径 2.5~3 厘米；被丝托钟形，密被长柔毛；萼片角状披针形，全缘；花瓣倒卵形，白色。果卵形或近球形，径 1~1.5 厘米，红色，萼片迟落，萼洼微隆起。

新疆野苹果 *
Malus sieversii

科属：蔷薇科 苹果属

生境：山坡或山谷、河谷地带

花期：5 月

乔木，高 2~10 米，常有多数主干。叶卵形或宽椭圆形，先端急尖，基部楔形，具圆钝锯齿，幼叶下面密被长柔毛。花序近伞形，具 3~6 花；萼筒钟状，外面密被绒毛，萼片宽披针形或角披针形，两面均被绒毛，稍长于萼筒；花瓣倒卵形，基部有短爪，粉色；花柱 5，基部密被白色绒毛。果球形或扁球形，黄绿色有红晕，萼洼下陷，萼片宿存，反折。

锡金海棠 *
Malus sikkimensis

科属：蔷薇科 苹果属

花期：5~6月　　生境：山坡或山谷林中

　　落叶小乔木，高6~8米。叶卵形或卵状披针形，先端渐尖，基部圆或宽楔形，有尖锐锯齿，上面无毛，下面被短绒毛，沿中脉和侧脉较密。伞形花序生于枝顶，有6~10花；花径2.5~3厘米；萼筒椭圆形，萼片披针形，初被绒毛，后渐脱落，花后反折；花瓣白色，近圆形，有短爪，外被绒毛。果倒卵状球形或梨形，成熟时暗红色。

绵刺 *

Potaninia mongolica

科属：蔷薇科 绵刺属

生境：砂质荒漠、戈壁或沙石平原

花期：6~9月

　　小灌木，高 30~40 厘米；茎多分枝，灰棕色。复叶具 3 或 5 小叶片，先端急尖，基部渐狭，全缘；叶柄坚硬，宿存成刺状。花单生于叶腋，苞片卵形；萼筒漏斗状，萼片三角形，先端锐尖；花瓣卵形，白色或淡粉红色；雄蕊花丝比花瓣短，着生在膨大花盘边上，内面密被绢毛。瘦果长圆形，长 2 毫米，浅黄色，外有宿存萼筒。

新疆野杏 *

Prunus armeniaca

二级

科属：蔷薇科 李属

花期：3~4月

生境：纯林

　　乔木，高达 8 米。叶宽卵形或圆卵形，先端尖或短渐尖，基部圆或近心形，有钝圆锯齿。花单生，径 2~3 厘米，先叶开放。花萼紫绿色，萼片卵形，花后反折；花瓣圆形或倒卵形，白色带红晕。核果球形，径约 2.5 厘米以上，熟时白、黄或黄红色，常具红晕，微被柔毛；果肉多汁，熟时不裂；核卵圆形或椭圆形，基部对称，稍粗糙或平滑。

新疆樱桃李 * 樱桃李
Prunus cerasifera

科属：蔷薇科 李属
生境：山坡林中、峡谷水边

花期：4 月

　　灌木或小乔木，高可达 8 米。叶片椭圆形、卵形或倒卵形，先端急尖，基部楔形或近圆形，边缘有圆钝锯齿。花 1 朵；花直径 2~2.5 厘米；萼筒钟状，萼片长卵形；花瓣白色，长圆形或匙形，边缘波状，基部楔形，着生在萼筒边缘。核果近球形或椭圆形，黄色、红色或黑色，微被蜡粉，黏核；核椭圆形或卵球形，表面平滑或粗糙。

甘肃桃 *
Prunus kansuensis

科属：蔷薇科 李属
花期：3~4 月　　生境：山地

　　乔木或灌木，高达 7 米。叶卵状披针形或披针形，长 5~12 厘米，中部以下最宽，先端渐尖，基部宽楔形。花单生，先叶开放，径 2~3 厘米。萼筒钟形，萼片卵形或卵状长圆形，先端钝圆，被柔毛；花瓣近圆形或宽倒卵形，白或浅粉红色，边缘有时波状或浅缺刻状。核果卵圆形或近球形，熟时淡黄色，肉质，不裂。

蒙古扁桃 *

Prunus mongolica

科属：蔷薇科 李属

生境：荒漠草原、丘陵、石质坡地　　花期：5月

　　灌木，高达2米。小枝顶端成枝刺。短枝叶多簇生，长枝叶互生，叶宽椭圆形，先端钝圆，基部楔形。花单生短枝上。萼片长圆形，与萼筒近等长，花瓣倒卵形，粉红色。核果宽卵圆形，顶端具尖头，外面密被柔毛；果肉薄，熟时开裂，离核；核卵圆形，基部两侧不对称，光滑。种仁扁宽卵圆形，浅棕褐色。

光核桃 *

Prunus mira

二级

科属：蔷薇科 李属

花期：3~4月 生境：山坡林内或山谷沟边

　　乔木，高达 10 米。枝条细长，开展，无毛，嫩枝绿色。叶片披针形或卵状披针形，先端渐尖，基部宽楔形至近圆形，叶边有圆钝浅锯齿，近顶端处全缘，齿端常具小腺体。花单生，先于叶开放；萼筒钟形，紫褐色；萼片卵形或长卵形，紫绿色，先端圆钝，无毛或边缘微具长柔毛；花瓣宽倒卵形，先端微凹，粉红色；雄蕊多数；子房密被柔毛。果实近球形。

矮扁桃 * 野巴旦、野扁桃

Prunus nana

接受名：*Prunus tenella*

科属：蔷薇科 李属

生境：干旱坡地、草原、洼地

花期：4~5月

　　灌木，高 1~1.5 米。枝条直立开展，短枝上叶多簇生，长枝上叶互生；叶片狭长圆形、长圆披针形或披针形，先端急尖或稍钝，基部狭楔形。花单生，与叶同时开放，花萼外面无毛，紫褐色；花瓣为不整齐的倒卵形或长圆形，先端圆钝或有浅凹缺，基部楔形，粉红色；雄蕊多数，子房密被长柔毛，花柱与雄蕊近等长。果实卵球形。

政和杏 *

Prunus zhengheensis

科属：蔷薇科 李属

花期：3~4月　　生境：山地

　　落叶高大乔木，树高达 35~40m。叶片长椭圆形，先端渐尖至长尾尖，基部截形或圆形。花单生，直径 3 厘米，先于叶开放；萼筒钟形，萼片舌状，紫红色，花后反折；花瓣椭圆形，粉红色至淡粉红色，具短爪，先端圆钝。核果卵圆形，果皮黄色，阳面有红晕，微被柔毛；果肉多汁，味甜，黏核；核长椭圆形，有网状纹；仁扁，椭圆形。

银粉蔷薇
Rosa anemoniflora

科属：蔷薇科 蔷薇属
生境：山坡、荒地、路旁、河边

花期：3~5月

　　攀缘小灌木。枝条圆柱形，散生钩状皮刺和稀疏腺毛。小叶3；小叶片卵状披针形，先端渐尖，基部圆形或宽楔形，边缘有紧贴细锐锯齿；托叶狭，极大部分贴生于叶柄，仅顶端分离，离生部分披针形，边缘有带腺锯齿。花单生或成伞房花序，花直径 2~2.5 厘米，萼片披针形，花瓣粉红色，倒卵形，先端微凹，花柱结合成束，伸出。果实卵球形，紫褐色。

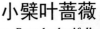

小檗叶蔷薇 二级
Rosa berberifolia

科属：蔷薇科 蔷薇属

花期：5~6月　　生境：山坡、荒地或路旁干旱地

　　低矮铺散灌木。小枝光滑。皮刺黄色，散生于叶基部，弯曲或直立。单叶，椭圆形、长圆形，有锯齿。花单生，径 2~2.5 厘米；花萼外被长针刺，萼片披针形，先端尾尖或长渐尖；花瓣黄色，基部有紫红色斑点，倒卵形，比萼片稍长；雄蕊紫色，着生坛状萼筒口部周围。蔷薇果近球形，熟时紫褐色，密被针刺；萼片宿存。

单瓣月季花

Rosa chinensis var. *spontanea*

科属：蔷薇科 蔷薇属

生境：山坡、路旁

花期：5~11 月

　　直立灌木。枝条圆筒状，有宽扁皮刺。小叶 3~5 枚，小叶片宽卵形至卵状长圆形，先端长渐尖或渐尖；托叶大部贴生于叶柄，仅顶端分离部分呈耳状，边缘常有腺毛。萼片全缘；花瓣红色、粉色或白色，单瓣，先端有凹缺，基部楔形；花柱离生，伸出萼筒口外，约与雄蕊等长。果卵球形或梨形，红色。

广东蔷薇

Rosa kwangtungensis

科属：蔷薇科 蔷薇属

花期：3~5月

生境：山坡、路旁、河边或灌丛中

　　攀缘小灌木，有长匍枝。皮刺小，基部膨大，稍下弯。小叶 5~7，椭圆形或椭圆状卵形，有细锐锯齿；托叶大部贴生叶柄，离生部分披针形，边缘有不规则细锯齿。顶生伞房花序，有 4~15 朵花。花径 1.5~2 厘米，花萼卵圆形，萼片卵状披针形，全缘；花瓣白色，倒卵形，稍短于萼片。蔷薇果球形，熟时紫褐色，有光泽；萼片脱落。

亮叶月季
Rosa lucidissima

科属：蔷薇科 蔷薇属
生境：多山坡杂木林中或灌丛中　　花期：4~6月

常绿或半常绿攀缘灌木。小叶 3，小叶长圆状卵形，先端尾状渐尖，有尖锐或紧贴锯齿，托叶大部贴生，顶端分离，部分披针形，边缘有腺。花单生，径 3~3.5 厘米；萼片与花瓣近等长，长圆状披针形，先端尾尖，全缘或稍有缺刻，花后反折；花瓣紫红色，宽倒卵形，先端微凹；心皮多数，花柱紫红色。蔷薇果梨形或倒卵圆形，熟时常黑紫色，平滑，宿萼直立。

大花香水月季

Rosa odorata* var. *gigantea

二级

科属：蔷薇科 蔷薇属

花期：3~5 月

生境：山坡杂木林中或灌丛中

　　常绿或半常绿攀援灌木。枝粗壮，无毛，有散生而粗短钩状皮刺。小叶 5~9 枚；小叶片椭圆形、卵形或长圆卵形，两面无毛，革质。花单生或 2~3 朵，单瓣，乳白色，芳香，直径 8~10 厘米；花柱离生，伸出花托口外，约与雄蕊等长。果实呈压扁的球形，外面无毛，果梗短。

中甸刺玫
Rosa praelucens

科属：蔷薇科 蔷薇属
生境：向阳山坡丛林中

花期：6~7月

灌木。枝粗壮，散生粗壮弯曲皮刺。小叶 7~13，小叶片倒卵形或椭圆形，边缘上半部有单锯齿，下半部全缘；托叶大部贴生于叶柄，离生部分三角形或披针形，边缘有腺毛。花单生，基部有叶状苞片；花直径 8~9 厘米；萼筒扁球形，外被柔毛和稀疏皮刺，萼片卵状披针形，顶端叶状；花瓣红色，宽倒卵形，先端圆或微缺。果实扁球形，绿褐色，外面散生针刺。

玫瑰

Rosa rugosa

科属：蔷薇科 蔷薇属

花期：5~6月　　生境：山坡林中

　　直立灌木。茎丛生；小枝有针刺和腺毛，有皮刺。小叶5~9，小叶片椭圆形或椭圆状倒卵形，边缘有尖锐锯齿，上面无毛，下面中脉突起，网脉明显，密被绒毛和腺毛；托叶大部贴生于叶柄，离生部分卵形，边缘有带腺锯齿。花单生于叶腋，或数朵簇生；萼片卵状披针形，先端常有羽状裂片而扩展成叶状；花瓣倒卵形，重瓣至半重瓣，芳香，紫红色至白色。

翅果油树

Elaeagnus mollis

科属：胡颓子科 胡颓子属

生境：阳坡

花期：4~5月

　　直立乔木或灌木，高 2~10 米。幼枝密被星状绒毛和鳞片。叶纸质，卵形或卵状椭圆形，下面密被淡灰白色星状绒毛。花灰绿色，下垂，芳香，密被灰白色星状绒毛；萼筒钟状，在子房上骤收缩，裂片近三角形，包围子房的萼管短，矩圆形，被星状绒毛和鳞片。果实近圆形或阔椭圆形，具明显的 8 棱脊，翅状，果肉棉质；果核纺锤形，子叶肥厚，含丰富的油脂。

小勾儿茶

Berchemiella wilsonii

科属：鼠李科 小勾儿茶属

花期：7月　　生境：山地林中

　　落叶灌木，高 3~6 米。小枝褐色，老枝灰色。叶纸质，互生，椭圆形，顶端钝，有短突尖，基部圆形，不对称，上面绿色，无光泽，无毛，下面灰白色，无乳头状突起，仅脉腋微被髯毛，侧脉每边 8~10 条；叶柄上面有沟槽；托叶短，三角形，背部合生而包裹芽。顶生聚伞总状花序；花芽圆球形，短于花梗；花淡绿色。

长序榆
Ulmus elongata

科属：榆科 榆属
生境：阔叶林中

花期：2月

　　本种与我国所产本属各种均不相同，其区别在于花序明显伸长，呈下垂的总状聚伞花序，花梗较花被长 2~4 倍。叶的边缘具粗大的重锯齿，锯齿先端尖而内弯，外缘有 2~5 小齿；翅果极窄，两端渐狭，先端 2 裂，柱头细长，基部具长子房柄，边缘密被白色长睫毛。

大叶榉树
Zelkova schneideriana

科属：榆科 榉属

花期：4月

生境：溪间水旁或山坡疏林中

　　乔木，高达 35 米，树皮灰褐色至深灰色，呈不规则的片状剥落。叶厚纸质，大小形状变异很大，卵形至椭圆状披针形，先端渐尖、尾状渐尖或锐尖，基部稍偏斜，圆形、宽楔形、边缘具圆齿状锯齿。雄花 1~3 朵簇生于叶腋，雌花或两性化常单生于小枝上部叶腋。核果几乎无梗，淡绿色。

南川木波罗
Artocarpus nanchuanensis

科属：桑科 波罗蜜属

生境：林中

花期：5~7月

　　乔木，高 25 米。叶革质，长圆形至椭圆形，先端急尖，基部宽楔形，下延至叶柄，背面灰绿色，密被白色糙毛和柔毛，边缘全缘或微波状。雌花序倒卵圆形，长约 1.5 厘米，黄褐色，密被短毛和疏生乳头状突起。聚花果球形，直径 4~6 厘米，表面被开展短糙毛，苞片乳头状，成熟时橙黄色；核果多数，近球形或卵状椭圆形，果皮薄。

奶桑
Morus macroura 二级

科属：桑科 桑属

花期：3~4月　　生境：山谷、沟边、向阳地带

　　小乔木，高 7~12 米。叶卵形或宽卵形，先端渐尖至尾尖，尾长 1.5~2.5 厘米，基部圆形至浅心形或平截，边缘具细密锯齿。花雌雄异株；雄花序穗状，单生或成对腋生，长 4~8 厘米；雄花花被片 4，卵形，外面被毛；雌花序狭圆筒形，长 6~12 厘米；雌花花被片 4，子房斜卵圆形，柱头 2 裂。聚花果成熟时黄白色；小核果，卵球形，微扁。

川桑 *
Morus notabilis

科属：桑科 桑属

生境：常绿阔叶林中

花期：4~5 月

　　乔木，高 9~15 米。叶近圆形，长 7~15 厘米，先端具短尖或钝，基部浅心形，基生叶脉三出。花雌雄异株，生叶腋；雄花序长 4~5 厘米，绿色，雄花花被片 4；雌花序圆筒形，花密集，长 3~4 厘米，雌花花柱长，柱头内面具乳头状突起，花被片边缘膜质，无毛或背部疏被柔毛。聚花果长 3.5~4 厘米，成熟时白色。

长穗桑 *
Morus wittiorum

二级

科属：桑科 桑属

花期：4~5月　　生境：山坡疏林中或山脚沟边

　　落叶乔木或灌木。树皮灰白色。叶长圆形至宽椭圆形，长8~12厘米，宽5~9厘米，基生叶脉三出，侧脉3~4对。花雌雄异株，穗状花序具梗；雄花序腋生，总花梗短，雄花花被片近圆形，绿色；雌花序长9~15厘米，雌花无梗，花被片黄绿色，覆瓦状排列，子房1室，花柱极短，柱头2裂。聚花果狭圆筒形，长10~16厘米，核果卵圆形。

341

光叶苎麻 * 腋球苎麻

Boehmeria leiophylla

接受名: *Boehmeria glomerulifera*

科属: 荨麻科 苎麻属

生境: 山谷中

花期: 4月

灌木。叶互生; 叶片长椭圆形, 长 7.5~20 厘米, 宽 2.8~6.5 厘米, 顶端渐尖, 基部楔形或微钝, 边缘有很小的钝牙齿, 基出脉 3 条, 侧脉 2 对。雌团伞花序单个腋生, 直径 3~4.5 毫米, 有多数花; 苞片卵状船形。雌花: 花被结果时近倒正三角形, 顶端有 2 小齿, 疏被贴伏的短柔毛; 柱头长约 1 毫米。瘦果宽倒卵球形, 光滑。

华南栲 **华南锥**
Castanopsis concinna

科属：壳斗科 锥属

花期：4~5 月　　生境：红壤丘陵坡地常绿阔叶林中

　　乔木，高 10~15 米。叶革质，硬而脆，椭圆形或长圆形，基部圆或宽楔形，通常两侧对称，全缘。雄穗状花序通常单穗腋生，或为圆锥花序，雄蕊 10~12 枚；雌花序长 5~10 厘米，花柱 3 或 4 枚，少有 2 枚。果序长 4~8 厘米；壳斗有 1 坚果，壳斗圆球形，整齐的 4 瓣开裂；坚果扁圆锥形，果脐约占坚果面积的 1/3 或不到一半。

西畴青冈

Cyclobalanopsis sichourensis

二级

接受名：*Quercus sichourensis*

科属：壳斗科 青冈属

生境：常绿阔叶林中

花期：4~5 月

　　常绿乔木，高达 20 米。叶片长椭圆形至卵状椭圆形，基部圆形或宽楔形，叶缘 1/4 以上有疏锯齿，叶背粉白色。壳斗扁球形，几全包坚果，直径 3.5~5 厘米，高约 2.5 厘米；小苞片合生成 9~10 条同心环带，环带边缘缺刻状。坚果扁球形，直径 3~4 厘米，高约 2 厘米，有黄色绒毛，顶端凹陷，中央有小尖头，果脐突起，与坚果直径几等大。

台湾水青冈

Fagus hayatae

科属：壳斗科 水青冈属

花期：4~5月

生境：山地疏林中

　　乔木，高达 20 米。叶棱状卵形，顶部短尖或短渐尖，基部宽楔形或近圆形，两侧稍不对称，侧脉每边 5~9 条，叶缘有锐齿，侧脉直达齿端，叶背中脉与侧脉交接处有腺点及短丛毛。总花梗被长柔毛，结果时毛较疏少；壳斗 4 瓣裂，裂瓣长 7~10 毫米，小苞片细线状，弯钩，与壳壁相同均被微柔毛；坚果与裂瓣等长或稍较长，顶部脊棱有甚狭窄的翅。

三棱栎

Formanodendron doichangensis

科属：壳斗科 三棱栎属

生境：山地常绿阔叶林中

花期：11月

常绿乔木，高达21米。树皮深灰色，条状开裂。叶互生，革质；叶片椭圆形或卵状椭圆形，顶端钝尖或凹缺，基部楔形并延伸至叶柄，全缘。雄花序呈"之"字形曲折，雄蕊无毛；雌花序穗状。壳斗通常包着果1~3个，果的轮廓呈宽卵形，明显具3翅，顶端有宿存花被裂片和花柱，果外壁被锈色绒毛，果脐三角形。

坝王栎 **霸王栎**
Quercus bawanglingensis

科属：壳斗科 栎属

花期：3~5月　　生境：石灰岩山地

　　常绿乔木，高 6~8 米，胸径约 20 厘米。叶略硬纸质，卵形或椭圆形，顶端短尖至渐尖，基部宽楔形至圆形，两侧略不对称，中脉在叶面平坦或微凸起，叶缘有小锯齿，侧脉每边6~9 条。雄花序下垂或半下垂。果序长 3~6 毫米，通常有成熟壳斗 1 个。壳斗浅碗形，包着坚果 1/4~1/3，高 3~5 毫米，小苞片紧贴，被灰白色微柔毛及蜡鳞。坚果宽椭圆形。

尖叶栎

Quercus oxyphylla

科属：壳斗科 栎属

生境：山地疏林中

花期：5~6月

　　常绿乔木，高达 20 米。树皮黑褐色，纵裂。小枝密被苍黄色星状绒毛，常有细纵棱。叶片卵状披针形、长圆形或长椭圆形，顶端渐尖或短渐尖，基部圆形或浅心形，叶缘上部有浅锯齿或全缘，幼叶两面被星状绒毛，老时仅叶背被毛，侧脉每边 6~12 条；叶柄密被苍黄色星状毛。壳斗杯形，包着坚果约 1/2，小苞片线状披针形，先端反曲，被苍黄色绒毛。

喙核桃 二级

Annamocarya sinensis

接受名：***Carya sinensis***

科属：胡桃科 喙核桃属

花期：4~5月　　生境：溪边林中

　　落叶乔木，高 10~15 米；髓部实心。单数羽状复叶，小叶通常 7~9，近革质，全缘，上端小叶较大，长椭圆形至长椭圆状披针形，下端小叶较小，通常卵形。雄柔荑花序长 13~15 厘米，下垂，通常 5~9 条成一束生于新枝叶腋；雌穗状花序顶生，直立，雌花 3~5。果实球形或卵状椭圆形，先端有渐尖头，外果皮厚，木质，常 6~9 瓣裂开。

贵州山核桃
Carya kweichowensis

科属：胡桃科 山核桃属

生境：山坡林中

花期：3~4月

乔木，高达 20 米。树皮灰白色。奇数羽状复叶，5 小叶，上部 3 枚较大，下部 2 枚较小，小叶片椭圆形或长椭圆状披针形，边缘有锯齿。雄性柔荑花序 1~3 条 1 束，密生雄花。雌性穗状花序顶生，花序轴粗壮，有 3~4 雌花。果实扁圆形、疏生腺体，无纵棱，果核扁球形，长 1.6~1.9 厘米，径 2~2.2 厘米，淡黄白色。

普陀鹅耳枥
Carpinus putoensis

科属：桦木科 鹅耳枥属

花期：8~9月　　生境：阔叶林中

　　乔木，高达15米。小枝疏被长柔毛。叶椭圆形或宽椭圆形，长5~10厘米，先端尖或渐尖，基部圆或宽楔形，具不规则刺毛状重锯齿，侧脉11~14对；叶柄长0.5~1厘米。雌花序长3~8厘米，苞片半宽卵形，长2.8~3厘米，中裂片半卵形，外缘疏生齿，内缘全缘或微波状，内侧基部具内折卵形裂片。小坚果宽卵球形，具纵肋。

351

天台鹅耳枥
Carpinus tientaiensis

科属：桦木科 鹅耳枥属

生境：林中

花期：4~6月

　　乔木。叶卵形至矩圆状卵形，长 5.5~10 厘米，先端急尖或短渐尖，基部几心形至心形，边缘有不规则重短锯齿。果序圆筒形；果苞三裂，有 5~7 脉，中裂片矩圆形至披针形，外缘有 1~5 个钝锯齿，内缘全缘或微呈波形，侧裂片常不相等，近急尖，外缘裂片稍大，上缘有 1~3 齿，下缘全缘，内缘裂片全缘；小坚果宽卵形，略扁，有 7~11 条肋。

天目铁木 一级
Ostrya rehderiana

科属：桦木科 铁木属
花期：5~6月　　生境：山麓

落叶乔木，高达 21 米。一年生小枝灰褐色，有淡色皮孔，有毛。叶长椭圆形或椭圆状卵形，先端长渐尖，基部宽楔形或圆形，叶缘有不规则的锐齿。雄柔荑花序常 3 个簇生；雌花序单生，直立，有花 7~12 朵。果多数，聚生成稀疏的总状，果序长 3.5~5 厘米，果苞膜质，囊状，长倒卵状，顶端圆，有短尖，网脉显著。小坚果红褐色，有细纵肋。

四数木
Tetrameles nudiflora

科属：四数木科 四数木属
生境：石灰岩山地雨林或沟谷雨林　　花期：4~5月

　　落叶大乔木，高达 30 米，树干粗，基部有板根。叶宽卵形，互生，边缘有短齿牙。花雌雄异株；雄花序为顶生圆锥状，花多而小，几无花梗，萼片 4，花瓣无或 1~4；雌花序为顶生单一的穗状，长达 20 厘米，花密而大，无花梗，萼筒卵形，4 萼齿小，花瓣无。蒴果，顶端穴内有两个裂口，放出细小种子。

蛛网脉秋海棠 *

Begonia arachnoidea

科属：秋海棠科 秋海棠属

花期：9~10月　　生境：石灰岩山脚下、岩石斜坡上

　　草本，雌雄同株。叶基生，盾状着生；叶片近圆形或宽卵形，纸质，正面深绿色或带褐色，叶脉蜘蛛网状。花序腋生；花白色，二歧聚伞花序；雄花：花被片 4，粉红色。雌花：花被片 3，粉红色；子房长圆形，不等长 3 翅。果实下垂。

阳春秋海棠 *
Begonia coptidifolia

科属：秋海棠科 秋海棠属

生境：阔叶林下岩石上

花期：7~9 月

　　多年生草本，具根状茎和直立茎。叶基生和茎生；托叶三角形，宿存，全缘；叶片卵形至近圆形，左右近对称，长10~18 厘米，宽 8~15 厘米，掌状脉，叶基心形，叶掌状 3 全裂，裂片再次 2 全裂，其小裂片呈羽状深裂。雌雄同株异花，聚花序顶生。雄花：花被片 4，白色，雄蕊多数，花药倒卵球形。雌花：花被片 5，白色，圆形或狭倒卵形。蒴果有 3 翅。

刺秋海棠 **黑峰秋海棠** *
Begonia ferox

科属：秋海棠科 秋海棠属

花期：5~10月　　生境：石灰岩山区

　　草本。叶互生，叶片不对称，卵形，基部明显斜心形，边缘呈残波状，黄绿色，表面有泡状隆起。花序腋生，二歧聚伞花序。雄花花被片4个，白色。雌花花被片3片，粉白色；子房三棱椭圆形，带红色，具3翅；翅不等长，花柱3。蒴果三棱椭圆形；翅不等长。种子多数，棕色，椭圆形，长。

古林箐秋海棠 *
Begonia gulinqingensis

科属：秋海棠科 秋海棠属

生境：密林下草丛中

花期：6月

　　匍匐草本。叶均基生，具长柄；叶片两侧不相等，轮廓近圆形，先端圆，基部偏斜。花玫瑰色，常2朵，呈二歧聚伞状；雄花花被片4；雄蕊多数；雌花花被片5，子房3室，具不等3翅；花柱3，柱头2裂。蒴果下垂，具不等3翅，大的短三角形，其余2翅较小；种子极多数，小，长圆形，淡褐色，光滑。

古龙山秋海棠 *

二级

Begonia gulongshanensis

科属：秋海棠科 秋海棠属

花期：2~5月

生境：深谷中浅洞入口或阴暗峭壁

　　小型草本。根茎细，无直立茎。叶从地面根茎上长出；叶柄长 5~9 厘米；叶片呈卵形，叶片基部倾斜，腹面绿色至深绿色，中央常有灰白色环带或脉间有淡白色条斑，被毛，背面淡绿色或脉间区紫红色。有花序梗，外部花被片和果实上具长柔毛，雌雄花瓣均较小。

海南秋海棠 *
Begonia hainanensis

科属：秋海棠科 秋海棠属
生境：林谷中石上

花期：4月

　　多年生矮小草本。茎高 20~33 厘米。茎生叶多数，互生；叶片窄小，两侧不相等，轮廓卵状长圆形或椭圆状长圆形，基部偏斜。花雌雄异株；雄花未见；雌花单生于叶腋；苞片窄长圆披针形，花被片 5，红色，无毛，外面 3 片大，宽椭圆形，内面 2 片窄；子房长圆椭圆形。蒴果卵状长圆形，具近等大 3 翅，翅和果呈三角形，翅斜三角形；种子小，多数，淡褐色。

香港秋海棠 *

Begonia hongkongensis

科属：秋海棠科 秋海棠属

花期：7~9月　　生境：潮湿岩石峡谷上

　　草本。叶基生和茎生；叶片长圆状卵形到菱形卵形，基部稍斜，圆齿到宽圆齿。花序无毛；苞片披针形，膜质。雄花花被片 4，白色，雄蕊多数。雌花花被片 5，白色，子房卵球形；花柱 2；柱头螺旋形。蒴果，具不相等 3 翅；背翅长约 2.8 厘米，先端钝；侧翅小。

永瓣藤
Monimopetalum chinense

科属：卫矛科 永瓣藤属

生境：山坡、路旁及山谷杂木林中　　花期：10~12月

　　藤本灌木，高达 6 米。叶薄，长 5~8.5 厘米，叶缘常有线刺状锯齿；叶柄长达 1 厘米；托叶锥形，宿存。聚伞花序侧生上年枝上，有 3 至数花，花梗极细弱，苞片对生，锥形；花白绿色，4 数；雄蕊无花丝，生花盘边缘上方；花盘方扁；子房与花盘合生。蒴果 4 深裂，常只 1~2 裂瓣成熟，外有大形宿存花瓣，瓣倒卵状匙形；种子每瓣 1 粒，黑褐色。

斜翼

Plagiopteron suaveolens

二级

科属：卫矛科 斜翼属

花期：5~6 月　　生境：丘陵灌木林里

　　蔓性灌木；嫩枝被褐色绒毛。叶膜质，卵形或卵状长圆形，长 8~15 厘米，宽 4~9 厘米，先端急锐尖，基部圆形或微心形，全缘，侧脉 5~6 对。圆锥花序生枝顶叶腋，通常比叶片为短，花序轴被绒毛；萼片 3 片，披针形，被绒毛；花瓣 3 片，长卵形，长 4 毫米，两面被绒毛；雄蕊长 5 毫米，花药球形，纵裂；子房被褐色长绒毛，胚珠侧生。

膝柄木
Bhesa robusta

科属：安神木科 膝柄木属
生境：近海岸的坡地杂木林中

花期：3~4月

　　乔木高达 10 米以上。叶互生，有光泽，长方窄椭圆形，先端急尖或短渐尖，基部圆形或阔楔形，全缘。花小，黄绿色；聚伞圆锥花序多侧生于小枝上部，常呈假顶生状；花序轴有 3~5 分枝，枝上着生多数短梗小花，花瓣 5 枚；萼片线状披针形；花瓣窄倒卵形，长约 2 毫米，先端圆钝。蒴果窄长卵状；种子 1 颗，基生，椭圆卵状，棕红色或棕褐色，有光泽。

合柱金莲木

Sauvagesia rhodoleuca

科属：金莲木科 蒴莲木属

花期：4~5月　　生境：山谷水旁密林中

　　直立小灌木，高约1米。茎常单生，暗紫色。叶薄纸质，狭披针形，两端渐尖，边缘有密而不相等的腺状锯齿。圆锥花序较狭，花少数，具细长柄；萼片卵形或披针形，浅绿色；花瓣椭圆形，白色；退化雄蕊宿存，白色；雄蕊花丝短，花药箭头形；子房卵形，花柱圆柱形，柱头小，不明显。蒴果卵球形，熟时3瓣裂；种子椭圆形，种皮暗红色，有多数小圆凹点。

川苔草属 *（所有种）

Cladopus spp.

科属：川苔草科 川苔草属

生境：溪流中的岩石上

多年生草本。根圆柱状至扁平，分枝；生于不育枝上的叶莲座状排列，不分裂或具指状3~9裂，可育枝上的叶指状3~9裂，覆瓦状排列；花单生于枝顶，两性，两侧对称，开花前藏于小佛焰苞内；花被片2，生于花丝基部两侧；雄蕊1，稀2；子房2室，柱头2；蒴果，光滑，2裂。中国产5种，所有种均列入《国家重点保护野生植物名录》二级。

1. 华南飞瀑草 *Cladopus austrosinensis*
2. 川苔草 *Cladopus doianus*
3. 福建飞瀑草 *Cladopus fukienensis*
4. 飞瀑草 *Cladopus nymanii*
5. 鹦哥岭飞瀑草 *Cladopus yinggelingensis*

川苔草属代表图

华南飞瀑草 *Cladopus austrosinensis*

川苔草 *Cladopus doianus*

川藻属 *

二级

Dalzellia spp.

科属：川苔草科 川藻属

生境：山谷溪流中的岩石、木桩上

多年生草本。根扁平，具分枝；茎生于根的两侧，单生或分枝；叶小扁平，无柄，覆瓦状排成 3 列，侧面的叶较小；花两性，无柄，1 或 2 朵生于基部叶的叶腋，无佛焰苞；苞片 2，对生，不等大；花被片 3，膜质，基部连合；雄蕊 2 或 3；子房 3 室，柱头 3；蒴果光滑，开裂为 3 个等大的果爿。中国产3 种，所有种均列入《国家重点保护野生植物名录》二级。

1. 道银川藻 *Terniopsis daoyinensis*
2. 川藻 *Terniopsis sessilis*
3. 永泰川藻 *Terniopsis yongtaiensis*

川藻属代表图

道银川藻 *Terniopsis daoyinensis*

川藻 *Terniopsis sessilis*

水石衣 *
Hydrobryum griffithii

科属：川苔草科 水石衣属

生境：山脚溪流中石上

花期：8~10月

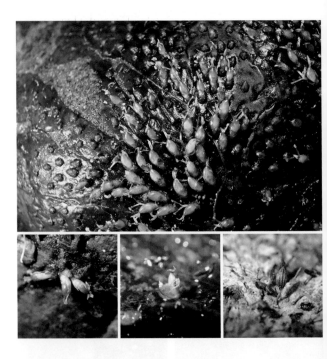

　　多年生小草本。根呈叶状体状，固着于石头上，外形似地衣。叶鳞片状，每4~6枚一簇，二行覆瓦状排列，有时基部为丝状体或有时全为丝状体，每2~6条一簇，不规则地散生于叶状体状的根上。佛焰苞长约2毫米，花被片2，线形，生于花丝基部两侧；雄蕊与子房近等长，花药长圆形；子房椭圆形；花柱极短，柱头2，楔形。蒴果椭圆状；种子椭圆状。

金丝李
Garcinia paucinervis 二级

科属：藤黄科 藤黄属

花期：6~7月　生境：石灰岩山较干燥的林中

　　乔木，高3~15米。树皮灰黑色，具白斑块。叶片嫩时紫红色，椭圆形，顶端急尖，基部宽楔形，侧脉5~8对。花杂性，同株。雄花的聚伞花序腋生和顶生，有花4~10朵；花瓣卵形；雄蕊多数，合生成4裂的环。雌花通常单生叶腋，退化雄蕊的花丝合生成4束，短于子房，子房圆球形。果成熟时椭圆形或卵珠状椭圆形，基部萼片宿存，顶端宿存柱头半球形。

双籽藤黄 *
Garcinia tetralata

科属：藤黄科 藤黄属

生境：低丘、平坝杂木林中　　　　花期：3~5月

　　乔木，高 5~8 米。分枝通常下垂，枝条淡绿色，有纵棱。叶片坚纸质，椭圆形或狭椭圆形，稀卵状椭圆形，顶端急尖或短渐尖，基部楔形，微下延，中脉在上面下陷，下面隆起，侧脉 13~16 对，两面隆起，纤细，斜伸至边缘处网结，第三次脉网状；叶柄长 0.8~1.2 厘米。花未见。果单生叶腋或落叶腋部，圆球形。

海南大风子

Hydnocarpus hainanensis

二级

科属：青钟麻科 大风子属
花期：5~7月
生境：常绿阔叶林或雨林中

　　常绿乔木，高6~9米。叶薄革质，长圆形，先端短渐尖，基部楔形，边缘有不规则浅波状锯齿，侧脉7~8对。花15~20朵，呈总状花序，腋生或顶生；萼片4，椭圆形；花瓣4，肾状卵形，边缘有睫毛，内面基部有肥厚鳞片；雄花：雄蕊约12枚，花丝基部粗壮；雌花：退化雄蕊约15枚；子房卵状椭圆形，密生黄棕色绒毛，柱头3裂。浆果球形。

额河杨

Populus × irtyschensis

接受名：*Populus × berolinensis* var. *irtyschensis*

科属：杨柳科 杨属

生境：林缘、林中空地及沿河沙丘　　　　花期：5 月

　　乔木。树皮淡灰色，树冠开展。叶卵形、菱状卵形或三角状卵形，长 5~8 厘米，宽 4~6 厘米，先端渐尖或长渐尖，基部楔形、阔楔形，边缘半透明，具腺圆锯齿，上面淡绿色；叶柄先端微侧扁，被毛，略与叶片等长。雄花序长 3~4 厘米，雄蕊 30~40，花药紫红色；雌花序长 5~6 厘米，有花 15~20 朵，轴被疏毛，稀无毛。蒴果卵圆形，2 瓣裂。

寄生花
Sapria himalayana

二级

科属：大花草科 寄生花属

花期：8~9月

生境：密林中

　　草本，寄生于植物的根部。叶鳞片状，肉质，覆瓦状排列。花单朵顶生，雌雄异株，花被钟状，裂片10，阔三角形，2列，覆瓦状排列，粉红色，被黄色疣点，花被管外白色，内紫色，有乳突状柔毛及20条纵棱，喉部有一圈紫色的膜质副花冠。雄花蕊柱血红色，雄蕊20枚，无花丝。雌花蕊柱较雄花的为粗壮，顶部杯状体，具6条不明显的辐射线。

东京桐
Deutzianthus tonkinensis

科属：大戟科 东京桐属

生境：密林中

花期：4~6月

　　乔木。高达 12 米。嫩枝密被星状毛，枝条有明显叶痕。叶椭圆状卵形，顶端短尖至渐尖，基部楔形至近圆形，全缘；叶柄无毛，顶端有 2 枚腺体。雌雄异株，花序顶生；雄花：花萼钟状，具短裂片，萼裂片三角形，花瓣长圆形，舌状；花盘 5 深裂；雄蕊 7 枚；雌花花萼、花瓣与雄花同。果稍扁球形，外果皮厚壳质，内果皮木质种子椭圆状，种皮硬壳质，有光泽。

萼翅藤 一级
Getonia floribunda

科属：使君子科 萼翅藤属

花期：3~4月　　生境：季雨林中或林缘

　　藤本，高5~10米或更高，枝纤细，密被柔毛。叶对生，叶片卵形或椭圆形，先端钝圆或渐尖，基部钝圆。总状花序，腋生和聚生于枝的顶端，形成大型聚伞花序；花小，两性；苞片卵形或椭圆形，花萼杯状，5裂，裂片三角形，直立，片；花瓣缺；雄蕊10，2轮列，5枚与花萼对生，5枚生于萼裂之间，花丝无毛。假翅果，被柔毛，5棱，萼裂5；种子1颗。

红榄李 *
Lumnitzera littorea

科属：使君子科 榄李属

生境：海岸边

花期：5 月

　　乔木或小乔木，高达 25 米，有细长的膝状出水面呼吸根。叶互生，常聚生枝顶，叶片肉质而厚，倒卵形或倒披针形，先端钝圆或微凹，基部渐狭成一不明显的柄。总状花序顶生，花多数；小苞片 2 枚，三角形，具腺毛；萼片 5 枚，扁圆形，边缘具腺毛；花瓣 5 枚，红色，长圆状椭圆形，先端渐尖或钝头；雄蕊通常 7 枚；花柱顶端稍粗厚，柱头略平。果纺锤形。

千果榄仁
Terminalia myriocarpa 二级

科属：使君子科 榄仁属

花期：8~9月 生境：山谷林中

常绿乔木，高达 25~35 米。叶对生，厚纸质；叶片长椭圆形，全缘或微波状，顶端有一短而偏斜的尖头，基部钝圆；叶柄顶端有一对具柄的腺体。大型圆锥花序，顶生或腋生，总轴密被黄色绒毛。花极小，极多数，两性，红色；小苞片三角形；萼筒杯状，5 齿裂；雄蕊 10。瘦果细小，极多数，有 3 翅，其中 2 翅等大，1 翅特小。

小果紫薇
Lagerstroemia minuticarpa

科属：千屈菜科 紫薇属

生境：亚热带常绿、落叶阔叶林区

花期：7~10月

　　花小白色，树皮常绿剥落而呈光滑的茶褐色，很像番石榴的树皮，光滑得猴也不爬。叶卵形或椭圆形几无柄，于小枝上近于对生排成二列，嫩枝有棱，小枝悬垂状，花白色，像紫薇，较小，着生于枝端，呈皱缩状。

毛紫薇
Lagerstroemia villosa

花期: 8~12月

科属: 千屈菜科 紫薇属
生境: 杂木林中

　　乔木，高 10~15 米。叶纸质至近革质，对生或近对生，矩圆形或椭圆状披针形，顶端渐尖或短渐尖，基部阔楔形至近圆形。花小，密集，组成球状或塔状圆锥花序，花序顶生，花萼倒圆锥形，上部 5~6 裂，裂片三角形，常反曲，内面无毛；花瓣缺或披针形；雄蕊 25~26 枚，通常 5~6 枚较长。蒴果椭圆形，3 裂，果皮无棱而稍有皱纹，灰黑色。

水芫花
Pemphis acidula

科属：千屈菜科 水芫花属
生境：热带海岸

花期：1~5月

　　小灌木。叶对生，厚，肉质，椭圆形、倒卵状矩圆形或线状披针形。花腋生，花二型，花瓣6，白色或粉红色，倒卵形至近圆形；雄蕊12，6长6短，长短相间排列，在长花柱的花中，最长的雄蕊长不及萼筒，较短的雄蕊约与子房等长，花柱长约为子房的2倍，在短花柱的花中，最长的雄蕊超出花萼裂片之外，较短的雄蕊约与萼筒等长。蒴果；种子多数。

野菱 **细果野菱** *
Trapa incisa

科属：千屈菜科 菱属

花期：5~10月　　生境：湖泊、池塘

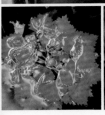

　　一年生浮水水生草本。浮水叶互生，成莲座状菱盘，叶较小，斜方形或三角状菱形，上面深亮绿色，下面绿色，有棕色马蹄形斑块，中上部有缺刻状锐齿，基部宽楔形；叶柄中上部稍膨大。花小，单生叶腋。花梗细，无毛；萼筒4裂，绿色，无毛；花瓣4，白色，或带微紫红色。坚果三角形，凹凸不平，4刺角细长，2肩角刺斜上举，2腰角斜下伸，细锥状。

虎颜花 *
Tigridiopalma magnifica

科属：野牡丹科 虎颜花属
生境：山谷密林下阴湿处、溪旁

花期：11 月

　　草本。茎极短，被红色粗硬毛。叶基生，叶片心形，顶端近圆形，基部心形，长宽 20~30 厘米或更大，边缘具不整齐的啮蚀状细齿，基出脉 9。蝎尾状聚伞花序腋生，具长总梗；花萼漏斗状杯形，萼片极短；花瓣暗红色，广倒卵形，一侧偏斜，几成菱形，顶端平，斜，具小尖头；雄蕊不等长；子房卵形，顶端具膜质冠，5 裂。蒴果漏斗状杯形。

林生杧果
Mangifera sylvatica

科属：漆树科 杧果属

花期：4~5 月

生境：沟谷或山坡林中

常绿乔木，高 6~20 米。叶纸质，披针形至长圆状披针形，先端渐尖，基部楔形，全缘，叶面略具光泽。圆锥花序，疏花，分枝纤细；花白色，花梗纤细，中部具节；萼片卵状披针形，内凹；花瓣披针形或线状披针形，里面中下部具 3~5 条暗褐色纵脉，中间 1 条粗而隆起，近基部汇合。核果斜长卵形，先端伸长呈向下弯曲的喙，外果皮和中果皮薄，果核大，球形。

梓叶槭

Acer amplum subsp. *catalpifolium*

科属：无患子科 槭属

生境：常绿阔叶林中

花期：4 月

　　落叶乔木，高达 25 米。树皮平滑。小枝圆柱形。叶纸质，卵形或长圆卵形，基部圆形，先端钝尖，具尾状尖尾。伞房花序，花黄绿色，杂性，雄花与两性花同株；萼片 5，长圆卵形，花瓣 5，长圆倒卵形或倒披针形，雄蕊 8，花药黄色，近于球形。小坚果压扁状，卵形，淡黄色。

庙台槭 二级

Acer miaotaiense

科属：无患子科 槭属

花期：5 月

生境：阔叶林中

　　落叶大乔木，高达 25 米；树皮深灰色。小枝无毛。叶纸质、宽卵形，先端骤短尖，基部心形，稀平截，常 3 裂，裂片卵形、边缘微浅波状，上面无毛，下面被柔毛，沿叶脉较密，基脉 3~5，侧脉 3~4 对；叶柄细，基部膨大，无毛。果序伞房状，长约 5 厘米，无毛；果柄细。小坚果扁平，密被黄色绒毛，果翅长圆形，小坚果长 2.5 厘米，两翅近水平。长柔毛。

五小叶槭 五小叶枫
Acer pentaphyllum

科属：无患子科 槭属
生境：疏林中

花期：4 月

落叶乔木，高达 10 米。树皮深褐色或灰褐色，常裂成不规则的薄片脱落。掌状复叶，小叶通常 5；小叶纸质，窄披针形，先端锐尖，基部楔形或阔楔形，全缘。伞房花序，由着叶的小枝顶端生出；花淡绿色，杂性，雄花与两性花同株；萼片 5，长圆卵形；花瓣 5，长圆形或狭长圆形；雄蕊 8，花药黄色，卵圆形。小坚果淡紫色，凸起，翅淡黄绿色。

漾濞枫 **漾濞槭** 二级
Acer yangbiense

科属：无患子科 槭属

花期：4 月　　生境：沟谷混交林

　　落叶乔木。叶柄长 4~17 厘米，叶纸质，叶片长 10~20 厘米，宽 11~25 厘米，通常宽大于长，5 浅裂，基部心形。总状花序下垂。花两性，黄绿色。萼片绿色，长卵形。花瓣 5，黄绿色，卵形；雄蕊 8，花药卵球形；花柱 2，基部合生。果序下垂，幼时红绿色，成熟时褐黄色，翅呈锐角或近直角。

龙眼 *
Dimocarpus longan

科属：无患子科 龙眼属

生境：半野疏林中

花期：5~6 月

　　常绿乔木，高常 10 余米。小枝被微柔毛，散生苍白色皮孔。小叶 4~5 对，长圆状椭圆形，两侧常不对称，先端短钝尖，基部极不对称。花序密被星状毛。花梗短；萼片近革质，三角状卵形，两面被褐黄色绒毛和成束的星状毛；花瓣乳白色，披针形，与萼片近等长，外面被微柔毛。果近球形，常黄褐或灰黄色，稍粗糙，稀有微凸小瘤体。种子全为肉质假种皮包被。

云南金钱槭

Dipteronia dyeriana

二级

科属：无患子科 金钱槭属

花期：4~6月

生境：疏林中

　　乔木，高 7~13 米。树皮平滑，灰色。叶为奇数羽状复叶，小叶 9~15 枚，小叶片披针形或长圆披针形，9~14 厘米，宽 2~4 厘米，先端锐尖或尾状锐尖，边缘具很稀疏粗锯齿；上面深绿色，下面淡绿色。果序圆锥状，顶生，密被黄绿色的短柔毛，每果梗上着生两个扁形的果实，圆形的翅环绕于其周围，嫩时绿色，成熟时黄褐色；果梗密被短柔毛。

伞花木
Eurycorymbus cavaleriei

科属：无患子科 伞花木属

生境：阔叶林中

花期：5~6月

　　落叶乔木，高可达 20 米。叶连柄长 15~45 厘米，小叶 4~10 对，近对生，薄纸质，长圆状披针形，长 7~11 厘米，宽 2.5~3.5 厘米，顶端渐尖，基部阔楔形。花序半球状，稠密而极多花；花芳香，萼片卵形，长 1~1.5 毫米，外面被短绒毛；花瓣长约 2 毫米，外面被长柔毛；花丝长约 4 毫米；子房被绒毛。蒴果，被绒毛；种子黑色，种脐朱红色。

掌叶木 二级

Handeliodendron bodinieri

花期：5月

科属：无患子科 掌叶木属
生境：石灰岩山地

落叶乔木或灌木，高1~8米。叶柄长4~11厘米；小叶4或5，薄纸质，椭圆形至倒卵形，长3~12厘米，顶端常尾状骤尖，基部阔楔形，两面无毛，背面散生黑色腺点；侧脉10~12对。花序长约10厘米，疏散，多花；萼片长椭圆形或略带卵形，略钝头，两面被微毛，边缘有缘毛；花瓣长约9毫米，宽约2毫米，外面被伏贴柔毛。蒴果。

爪耳木
Lepisanthes unilocularis

5 4 3 春

科属：无患子科 鳞花木属
生境：林中

花期：3~5 月

    灌木，高约3米。小枝圆柱状，密被锈色绒毛。奇数羽状复叶，长 22~30 厘米；小叶 12~14 对，坚纸质，第一对托叶状，小，卵形，长约 1.5 厘米，其余的披针形，长 5~7 厘米，顶端渐尖，基部偏斜。果序顶生，主轴下部有少数与中轴垂直的分枝，果椭圆形，长 10~12 毫米，平滑，无毛；种子 1 颗，褐色，种脐圆形。

野生荔枝 *

Litchi chinensis var. *euspontanea*

科属：无患子科 荔枝属

花期：4~5月　　生境：林中

　　常绿乔木，高通常 10 米。叶连柄长 10~25 厘米；小叶 2 或 3 对，较少 4 对，薄革质或革质，披针形或卵状披针形，长 6~15 厘米，宽 2~4 厘米，顶端骤尖或尾状短渐尖，全缘。花序顶生，阔大，多分枝；萼被金黄色短绒毛；雄蕊 6~7，花丝长约 4 毫米；子房密覆小瘤体和硬毛。果卵圆形至近球形，成熟时通常暗红色至鲜红色；种子全部被肉质假种皮包裹。

韶子 *

Nephelium chryseum

科属：无患子科 韶子属
生境：密林中

花期：3~5 月

  常绿乔木，高 10~20 米。小枝有直纹，干时灰褐色，嫩部被锈色短柔毛。小叶常 4 对，很少 2 或 3 对，薄革质，长圆形，两端近短尖，全缘，背面粉绿色，被柔毛；侧脉 9~14 对或更多，在腹面近平坦或微凹陷，在背面凸起且发亮。花序多分枝，雄花序与叶近等长，雌花序较短；萼长 1.5 毫米，密被柔毛。果椭圆形，红色；刺顶端尖，弯钩状。

海南假韶子
Paranephelium hainanense

科属：无患子科 假韶子属

花期：4~5月　　生境：林中

　　常绿乔木，高达9米。小枝有密集皮孔，嫩部被柔毛；小叶3~7，长圆形或长圆状椭圆形，先端短尖或渐尖，基部楔形，疏生锯齿，两面无毛；侧脉纤细，12~15对，有时在上面凹下；花序多花，被锈色柔毛；花小，有短梗；萼裂片三角形；花瓣5，卵形，长约1毫米，鳞片2裂，裂片叉开，被长柔毛；花盘5裂；雄蕊常8，花丝近无毛；蒴果近球形。

宜昌橙 *
Citrus cavaleriei

科属：芸香科 柑橘属

生境：陡崖、石缝中、山脊或河谷　　花期：5~6月

　　小乔木或灌木状，高达 4 米。枝干多锐刺，花枝常无刺。叶卵状披针形，长 2~8 厘米，先端稍骤渐尖，全缘或具细钝齿；叶柄翅较叶稍短小或稍长。单花腋生。花萼 5 浅裂；花瓣 5，淡紫红或白色；雄蕊 20~30，花丝合生成多束。果扁球形、球形或梨形，顶部乳头状突起或圆，淡黄色，粗糙，油胞大，果皮厚 3~6 毫米，果肉酸苦。

道县野橘 **道县野桔** *
Citrus daoxianensis

二级

科属：芸香科 柑橘属

花期：5月 生境：山坡林中

　　小乔木，高7~8米。枝上有短刺。叶宽披针形，长6~7.2厘米，宽2.3~3厘米，疏生细圆齿；柑果球形，果顶部具短硬尖，径2.8~3.2厘米，重11~20克；内果皮厚膜质，囊瓣7~8，肾形，富含果胶；汁胞纺锤形，淡黄或橙黄色，具柄，含油腺点，味极酸。

红河橙 *
Citrus hongheensis

科属：芸香科 柑橘属

生境：山坡林中

花期：3~4 月

　　小乔木，高约 10 米。嫩枝被疏毛，徒长枝和隐芽枝有刺。叶卵状披针形，叶柄翅窄长圆形，长 6~16 厘米，较叶片长 2~3 倍。总状花序具 5~9 花，稀单花腋生；花白色，花瓣 5 或 4；花丝分离，被细毛；果圆球形，径 10~12 厘米，果皮厚 1.5~2 厘米。

金柑 **山橘** *

Fortunella hindsii

接受名：*Citrus japonica*

二级

科属：芸香科 金橘属

花期：4~5月

生境：山坡疏林、山谷溪边灌丛中

灌木，高达 2 米。多枝，刺短。单小叶或兼有单叶，小叶椭圆形或倒卵状椭圆形，长 4~6 厘米，先端圆，稀短钝尖，基部圆或宽楔形，近顶部具细钝齿，稀全缘；叶柄长 6~9 毫米，与叶片连接处具关节。花单生或少数簇生叶腋。花梗甚短；花萼 5 浅裂；花瓣 5，长不及 5 毫米。果球形或稍扁球形，径 0.8~1 厘米，橙黄或朱红色，果皮平滑，果肉味酸。

黄檗 *黄波椤*
Phellodendron amurense

科属：芸香科 黄檗属

生境：针阔叶混交林中或河谷沿岸　　花期：5~6月

　　树高 10~20 米。成年树的树皮有厚木栓层，浅灰或灰褐色，内皮鲜黄色，味苦。羽状复叶，有小叶 5~13 片，小叶薄纸质或纸质，卵状披针形或卵形，长 6~12 厘米，宽 2.5~4.5 厘米，顶部长渐尖，基部阔楔形，秋季落叶前叶色由绿转黄而明亮。花序顶生；萼片细小，阔卵形；花瓣紫绿色，长 3~4 毫米。果圆球形，蓝黑色，通常有 5~8 浅纵沟。

川黄檗
Phellodendron chinense

二级

科属：芸香科 黄檗属

花期：5~6月

生境：山地林中

　　树高达 15 米。成年树有厚、纵裂的木栓层。羽状复叶，小叶 7~15 片，小叶纸质，长圆状披针形或卵状椭圆形，顶部短尖至渐尖，基部阔楔形至圆形。两侧通常略不对称，边全缘或浅波浪状。花序顶生，花通常密集，花序轴粗壮，密被短柔毛。果多数密集成团，果的顶部略狭窄的椭圆形或近圆球形，蓝黑色，有分核 5~8 个；种子 5~8 颗。

富民枳 *
Poncirus × polyandra

科属：芸香科 枳属
生境：杂木林下

花期：3~4 月

常绿小乔木，高约 2.5 米。叶腋有一芽一短尖刺。指状三出叶，中央一小叶边缘有波浪状锯齿，深绿色，长 35~50 毫米，侧生两小叶较小，长 27~38 毫米；叶柄具窄叶翼。单花，腋生，花白色；萼片 5，宽卵形；花瓣 5~9 片，阔椭圆形，被绒毛，以边缘为多；雄蕊花药黄色；子房扁球形。果幼嫩时扁圆球形，绿色，被绒毛。

望谟崖摩 二级

Aglaia lawii

科属：楝科 米仔兰属

花期：5~6 月

生境：疏杂木林中或山谷林中

乔木或灌木，高 2~20 米。叶互生；小叶片椭圆形或披针形，纸质到革质。圆锥花序腋生，通常比叶短。花单性，花萼杯状，密被鳞片，3~5 浅裂。花瓣 3 或 4，近圆形、卵形或长圆形。果实开裂，椭圆形、球状或梨形，3 室，果皮木质，干燥时坚硬；花萼宿存，鳞片状。种子 1~3 颗，完全被肉质的红色假种皮包围。

红椿
Toona ciliata

科属：楝科 香椿属

生境：沟谷林中或山坡疏林中

花期：4~6月

　　大乔木，高可达 20 余米。叶为羽状复叶，长 25~40 厘米，通常有小叶 7~8 对；小叶对生或近对生，长圆状卵形或披针形，长 8~15 厘米，边全缘。圆锥花序顶生，花长约 5 毫米，具短花梗；花萼短，5 裂，裂片钝；花瓣 5，白色，长圆形，长 4~5 毫米，先端钝或具短尖；雄蕊 5，约与花瓣等长，子房密被长硬毛，柱头盘状。蒴果长椭圆形，木质。

木果楝
Xylocarpus granatum

二级

科属：楝科 木果楝属

花期：4~10月　　生境：混浅水海滩的红树林中

　　乔木或灌木，高达 5 米。叶长 15 厘米；小叶通常 4 片，对生，椭圆形至倒卵状长圆形，长 4~9 厘米，宽 2.5~5 厘米，先端圆形，基部楔形至宽楔形，边全缘。花组成疏散的聚伞花序，有花 1~3 朵；花萼裂片圆形；花瓣白色，倒卵状长圆形，革质，长 6 毫米。蒴果球形，具柄，有种子 8~12 颗；种子有棱。

柄翅果

Burretiodendron esquirolii

科属：锦葵科 柄翅果属

生境：石灰岩及砂岩山地常绿林中

花期：3~5 月

  落叶乔木，高 20 米。叶纸质，稍偏斜，椭圆形或阔倒卵圆形，长 9~14 厘米，宽 6~9 厘米，先端急短尖，基部不等侧心形，下面密被灰褐色星状柔毛。聚伞花序，约有花 3 朵，苞片 2 片，卵形，早落。雄花具柄，直径 2 厘米；萼片长圆形，花瓣阔倒卵形，长 1.1 厘米，雄蕊约 30 枚。果序有具翅蒴果 1~2 个，蒴果椭圆形，有 5 条薄翅；种子长倒卵形。

滇桐

Craigia yunnanensis

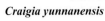

二级

科属：锦葵科 滇桐属

花期：8~9月　　生境：疏林中

　　落叶乔木，高达 20 米。顶芽被灰白色毛。叶椭圆形，长 10~20 厘米，先端骤短尖，基部圆，两面无毛，基出脉 3。聚伞花序腋生，有 2~5 朵花。花梗有节；萼片 5，长圆形，长 1 厘米，被毛；无花瓣；外轮退化雄蕊 10，内轮发育雄蕊 20，短于萼片；子房无毛，5 室，每室 6 胚珠，花柱 5。蒴果椭圆形，5 棱，长约 3.5 厘米，具膜质翅。

海南椴

Diplodiscus trichospermus

科属：锦葵科 独子椴属

生境：山地疏林中

花期：9~10月

灌木或小乔木，高达 15 米，树皮灰白色。叶薄革质，卵圆形，先端渐尖或锐尖，基部微心形或截形，全缘或微波状。圆锥花序顶生，有花多数，花序柄密被灰黄色星状短绒毛；花萼 2~5 裂，裂齿大小不等，外面密被淡黄色星状柔毛；花瓣黄或白色，倒披针形，钝头。蒴果倒卵形，有 4~5 棱，熟时 5~4 片室背开裂；种子椭圆形，密被黄褐色长柔毛。

蚬木

Excentrodendron tonkinense

二级

科属：锦葵科 蚬木属

花期：8~9月

生境：石灰岩的常绿林里

　　常绿乔木。叶革质，卵形，先端渐尖，基部圆形，上面绿色，发亮，基出脉 3 条。圆锥花序或总状花序，有花 3~6 朵；萼片长圆形，外面有星状柔毛，基部无腺体或内侧数片每片有 2 个球形腺体；花瓣倒卵形，长 5~6 毫米，无柄。蒴果纺锤形，长 3.5~4 厘米；果柄有节。

广西火桐

Erythropsis kwangsiensis

接受名：***Firmiana kwangsiensis***

科属：锦葵科 火桐属

生境：山谷缓坡灌丛中

花期：6月

　　落叶乔木，高达 10 米。叶纸质，广卵形或近圆形，全缘或在顶端 3 浅裂，裂片楔状短渐尖，基部截形或浅心形。聚伞状总状花，萼圆筒形，顶端 5 浅裂，外面密被金黄色且带红褐色的星状绒毛，内面鲜红色，被星状小柔毛，萼的裂片三角状卵形；雄花的雌雄蕊柄长 28 毫米，雄蕊 15 枚，集生在雌雄蕊柄的顶端，呈头状。

（所有种，梧桐除外）**梧桐属** 二级

***Firmiana* spp.** (excl. *F. simplex*)

科属：锦葵科 梧桐属

生境：山坡、村边、路边

乔木，稀灌木。树皮淡绿色；单叶掌状 3~5 裂，或全缘；花单性或杂性，常圆锥花序；花萼 5 深裂，萼片向外卷曲，稀 4 裂；无花瓣；雄蕊合生成柱，柱顶有花药 10~15，聚成头状；子房基部围绕着不育花药，5 室，每室 2 至多胚珠；蓇葖果；果瓣膜质，在成熟前裂成叶状，种子生于果爿内缘，圆球形。中国产 6 种，除梧桐外，其余种列入《国家重点保护野生植物名录》二级。

1. 龙州梧桐 *Firmiana calcarea*
2. 丹霞梧桐 *Firmiana danxiaensis*
3. 大围山梧桐 *Firmiana daweishanensis*
4. 海南梧桐 *Firmiana hainanensis*
5. 云南梧桐 *Firmiana major*

梧桐属代表图

丹霞梧桐 *Firmiana danxiaensis*　　海南梧桐 *Firmiana hainanensis*

411

蝴蝶树
Heritiera parvifolia

科属：锦葵科 银叶树属
生境：山地热带雨林中

花期：5~6月

常绿乔木，高达 30 米。叶椭圆状披针形，长 6~8 厘米，宽 1.5~3 厘米，基部短尖或近圆形。圆锥花序腋生，花小、白色，萼长约 4 毫米，5~6 裂片矩圆状卵形；雄花的雌雄蕊柄长约 1 毫米，花药 8~10 个，排成 1 环；雌花的子房长约 2 毫米。果有长翅，翅鱼尾状，顶端钝，宽约 2 厘米，果皮革质；种子椭圆形。

平当树
Paradombeya sinensis

花期：9~10月

科属：锦葵科 平当树属
生境：山坡上的稀树灌丛草坡中

　　小乔木或灌木，高达 5 米。叶膜质，卵状披针形，长 5~12.5 厘米，宽 1.5~5 厘米，边缘有密的小锯齿。花簇生于叶腋；小苞片披针形，早落；萼 5 裂几至基部，萼片卵状披针形；花瓣 5 片，黄色，广倒卵形，不相等；雄蕊 15 枚，每 3 枚集合成群并与舌状的退化雄蕊互生。蒴果近圆球形，长 2.5 毫米，每果瓣有种子 1 个；种子矩圆状卵形。

景东翅子树
Pterospermum kingtungense

科属：锦葵科 翅子树属

生境：草坡

花期：4~6 月

　　乔木，高达 12 米。叶革质，倒梯形或矩圆状倒梯形，长 8~13.5 厘米，宽 4.5~6 厘米，顶端常有 3~5 个不规则的浅裂，基部圆形。花单生于叶腋，直径 7 厘米；萼片 5 枚，条状狭披针形，长 4.5 厘米；花瓣 5 片，白色，斜倒卵形，长 4.8 厘米，宽 2.8 厘米，顶端近圆形；退化雄蕊条状棒形；子房卵圆形，花柱有毛，柱头分离但扭合在一起。

勐仑翅子树
Pterospermum menglunense

科属：锦葵科 翅子树属
生境：石灰岩山地疏林中

花期：4月

　　乔木，高12米。嫩枝被灰白色短绵毛。叶厚纸质，披针形或椭圆状披针形，顶端长渐尖或尾状渐尖，基部斜圆形。花单生于小枝上部的叶腋，白色；小苞片长锥尖状，全缘，萼片5枚，条形，外面密被黄褐色星状绒毛，内面无毛；花瓣5片，倒卵形，白色，顶端钝并具小的短尖突，基部渐狭成瓣柄，两面均无毛。蒴果长椭圆形。

粗齿梭罗 粗齿梭罗树
Reevesia rotundifolia

科属：锦葵科 梭罗树属

生境：山地

花期：5 月

　　乔木，高 16 米。树皮灰白色。叶薄革质，圆形或倒卵状圆形，直径 6~11.5 厘米，顶端圆形或截形而有凸尖，基部截形或圆形，在顶端的两侧有粗齿 2~3 个，侧脉 5~6 对；叶柄长 4~4.5 厘米。蒴果倒卵状矩圆形，有 5 棱，长 3~4 厘米，顶端圆形，被淡黄色短柔毛和灰白色鳞秕；种子连翅长约 2.5 厘米，翅膜质，褐色，顶端斜钝形。

紫椴
Tilia amurensis

二级

花期：7月

科属：锦葵科 椴属
生境：混交林中

　　乔木，高达 15 米。叶宽卵形或近圆形，长 3.5~8 厘米，宽 3.4~7.5 厘米，先端呈尾状，基部心形，边缘具粗锯齿，除下面脉腋处簇生褐色毛外，均无毛。聚伞花序长 4~8 厘米；苞片匙形或近矩圆形，长 4~5 厘米，具短柄；萼片 5，两面疏被毛；花瓣 5，黄白色；雄蕊多数，无退化雄蕊。果近球形或矩圆形，被褐色毛。

土沉香

Aquilaria sinensis

科属：瑞香科 沉香属

生境：低海拔疏林中

花期：5~7月

常绿乔木。叶互生，革质有光泽，卵形、倒卵形至椭圆形，长 5~11 厘米，宽 3~9 厘米，顶端短渐尖，基部宽楔形。伞形花序顶生或腋生；花黄绿色，有芳香；花萼浅钟状，裂片 5，近卵形；花瓣 10，鳞片状，有毛；雄蕊 10；子房卵状。蒴果木质，倒卵形，被灰黄色短柔毛，有宿存萼，2 瓣裂开。种子 1 或 2 颗，基部有长约 2 厘米的尾状附属物。

云南沉香
Aquilaria yunnanensis

科属：瑞香科 沉香属

花期：5~7月

生境：杂木林下或沟谷疏林中

　　小乔木，高 3~8 米。叶椭圆状长圆形，长 7~11 厘米，先端尾尖渐尖。花序顶生或腋生，常成 1~2 个伞形花序；花淡黄色；萼筒钟形，裂片 5；花瓣附属体先端圆；雄蕊 10 枚；子房近圆形。果倒卵形，长约 2.5 厘米，宽约 1.7 厘米，先端具突尖头，基部渐窄为直立的宿萼所包；种子卵形，1~2 粒，密被锈黄色绒毛，基部附属体约长 1 厘米。

半日花 *
Helianthemum songaricum

科属：半日花科 半日花属

生境：草原化荒漠区的石质山坡　　花期：6~9 月

　　小灌木，垫状丛生，高 3~7 厘米。分枝对生，顶端呈刺状。叶对生，革质，具短柄或几无柄，披针形或狭卵形，长 5~7 厘米，宽约 1.5 毫米，全缘，边缘反卷，两面均密生白色短柔毛。花单独顶生；萼片 5，外面密生短柔毛，不等大，外面的 2 个条形，内面的 3 个卵形；花瓣 5，黄色，倒卵形；雄蕊多数；子房密生柔毛，花柱丝形。蒴果卵形。

东京龙脑香
Dipterocarpus retusus 一级

科属：龙脑香科 龙脑香属

花期：5~6月

生境：沟谷雨林及湿润石灰岩山地

　　乔木，高达45米，具芳香树脂。叶革质，宽卵形或卵圆形，长16~28厘米，宽10~15厘米，先端短尖，基部圆形或近心形，全缘或中上部具波状圆齿。总状花序腋生，具2~5花。花萼裂片2长3短，被毛；花瓣粉红色，长椭圆形，长5~6厘米；雄蕊约30。果卵球形，密被黄色短绒毛；增大的2枚花萼裂片线状披针形，革质，疏被星状毛，具3~5脉。

狭叶坡垒
Hopea chinensis

科属：龙脑香科 坡垒属
生境：山谷、沟边、山坡林中　　　花期：6~7月

　　乔木，高达 25 米。叶近革质，披针形或长圆状披针形，长 7~15 厘米，宽 2~5 厘米，先端渐尖，基部圆形。圆锥花序腋生或顶生，长 10~20 厘米。萼片 5；花瓣 5，淡红色，长约 2 厘米；雄蕊 15，2 轮。果卵球形，长约 1.8 厘米，基部具 5 枚宿存的萼片，其中 2 枚增大成翅状，革质，线状长圆形，长 8.5~9.5 厘米，余 3 枚卵形。

坡垒 一级

Hopea hainanensis

科属：龙脑香科 坡垒属
生境：山地林中

花期：6-9月

　　乔木，高达 20 米。叶革质，椭圆形或长圆状椭圆形，长 7~20 厘米，宽 4~11 厘米，先端微钝或短渐尖，基部圆形或宽楔形。圆锥花序顶生或腋生，花偏生于花序分枝的一侧，密被短柔毛。花萼 5；花瓣 5；雄蕊 15，2 轮；子房近圆柱形。果卵球形，长约 1.5 厘米，为增大的宿萼基部所包被，其中 2 枚增大的萼裂片呈翅状，倒披针形。

无翼坡垒 铁凌
Hopea reticulata

二级

科属：龙脑香科 坡垒属

生境：丘陵、坡地、山岭的森林中　　花期：3~4 月

　　乔木，具白色芳香树脂，高约15米。树皮平滑，具白色斑块。枝条密被灰黄色的绒毛，后为疏被毛。叶革质，全缘，卵形至卵状披针形，先端渐尖，基部偏斜或心形，有时为圆形。圆锥花序腋生或顶生，纤细，少花，被疏毛或近于无毛；花萼裂片5枚，覆瓦状排列，近于圆形；花瓣5枚，粉红色，倒卵状椭圆形。果实卵圆形，壳薄，无毛；花萼裂片均不增大为翅状。

望天树

Parashorea chinensis

科属：龙脑香科 柳安属
生境：山地沟谷、丘陵坡地
花期：5~6 月

　　乔木，高达 80 米。叶革质，椭圆形，长 6~20 厘米，宽 3~8 厘米，先端渐尖，基部圆，全缘；托叶早落，卵形。圆锥花序顶生或腋生，每个小分枝具 3~8 花。花基部具 1 对宿存苞片；花萼裂片 5，被毛；花瓣 5，黄白色，芳香，雄蕊 12~15。果长卵球形，密被银灰色绢毛；增大花萼裂片近单质，3 长 2 短，具纵脉 5~7，基部窄不包被果实。

云南娑罗双

Shorea assamica

科属：龙脑香科 娑罗双属

生境：河谷林中

花期：6~7月

乔木，高达 50 米，具白色芳香树脂。叶近革质，卵状椭圆形或琴形，先端渐尖，基部圆或近心形，全缘；叶柄长约 1 厘米，托叶长约 2 厘米，密被毛。花萼裂片 3 长 2 短，被绒毛；花瓣 5，黄白色，背面被绒毛；雄蕊 30；子房疏被毛。果为增大宿萼基部所包被；宿存花萼被短绒毛，3 枚萼裂片线状长圆形。

广西青梅

Vatica guangxiensis

科属：龙脑香科 青梅属

花期：4~5月　　生境：沟谷林中

　　乔木，高达 35 米。幼枝、嫩叶、花序、花被片及果实均密被黄褐或褐色星状毛。叶革质，窄长椭圆形，先端渐尖，基部楔形，全缘；叶脉 15~20 对，基部楔形。圆锥花序顶生或腋生。花萼裂片不等大；花瓣淡红或稍带淡紫红色；雄蕊 15；子房近球形，被毛。果近球形，宿存花萼裂片 5，其中 2 枚扩大成翅，长圆状窄椭圆形，具 5 纵脉，另 3 枚披针形。

青梅

Vatica mangachapoi

科属：龙脑香科 青梅属
生境：山地林中或溪边

花期：5~7月

　　乔木，具白色芳香树脂，高约 20 米。小枝被星状绒毛。叶革质，全缘，长圆形至长圆状披针形，先端渐尖或短尖，基部圆形或楔形，侧脉 7~12 对，两面均突起，网脉明显。圆锥花序顶生或腋生。花萼裂片 5 枚，镊合状排列，卵状披针形或长圆形，不等大，两面密被星状毛或鳞片状毛；花瓣白色，有时为淡黄色或淡红色，芳香，长圆形或线状匙形。果实球形。

钟萼木 **伯乐树** 二级

Bretschneidera sinensis

科属：叠珠树科 伯乐树属

花期：3~9 月   生境：山地林中

　　乔木，高 10~20 米。羽状复叶，小叶 7~15 片，纸质或革质，狭椭圆形，全缘，顶端渐尖或急短渐尖，基部钝圆或短尖、楔形，叶面绿色，无毛，叶背粉绿色或灰白色，有短柔毛。花淡红色，直径约 4 厘米，花萼直径约 2 厘米，顶端具短的 5 齿，内面有疏柔毛或无毛，花瓣阔匙形或倒卵楔形，顶端浑圆，无毛，内面有红色纵条纹。果椭圆球形、近球形或阔卵形。

蒜头果
Malania oleifera

科属：海檀木科 蒜头果属
生境：石灰岩或砂页岩山地林中

花期：4~9 月

　　常绿乔木，高达 20 米。叶互生，长椭圆形或长圆状披针形，长 7~15 厘米，基部圆形或楔形。聚伞花序，具 10~15 朵花，长 2~3 厘米。萼筒杯状，顶端 4~5 齿裂；花瓣 4~5；雄蕊为花瓣数的 2 倍。浆果状核果，扁球形或近梨形，径 3~4.5 厘米，中果皮肉质，内果皮木质，坚硬。种子 1，球状或扁球状，径约 1.8 厘米。

瓣鳞花
Frankenia pulverulenta

花期：5~8 月

科属：瓣鳞花科 瓣鳞花属
生境：荒漠地带河流泛滥地

一年生草本，高 6~16 厘米；多分枝。叶通常 4 个轮生，倒卵形或狭倒卵形，长 2~6 毫米，宽 1~2.5 毫米，全缘；叶柄长 1~2 毫米。花小，多单生于叶腋，萼筒长约 2.5 毫米，有 5 齿，齿长约 0.8 毫米，钻形；花瓣 5，约与萼等长，粉红色，狭长，有爪和舌状附属物；雄蕊 6，花丝稍合生；子房一室，胚珠多数，侧膜胎座。蒴果卵形，裂为 3 瓣。

疏花水柏枝
Myricaria laxiflora

科属：柽柳科 水柏枝属

生境：平原路边及河边

花期：6~8月

　　灌木，高约 1.4 米。老枝红褐色或紫褐色，当年生枝绿色或红褐色。叶披针形或长圆形，长 2~4 毫米，具窄膜质边。总状花序顶生；苞片卵状披针形或披针形，长约 4 毫米。萼片披针形或长圆形，长 2~3 毫米；花瓣倒卵形或倒卵状长圆形，长 5~6 毫米，粉红色或淡紫色；花丝 1/2 或 1/3 连合。蒴果窄圆锥形，长 6~8 毫米。

科属：蓼科 荞麦属
花期：7~9 月　　生境：山谷湿地、山坡灌丛中

　　多年生草本，高达 1 米。茎直立，具纵棱。叶三角形，长 4~12 厘米，先端渐尖，基部近戟形，两面被乳头状突起；叶柄长达 10 厘米，托叶鞘长 0.5~1 厘米，无缘毛。花序伞房状；苞片卵状披针形，长约 3 毫米。花梗与苞片近等长，中部具关节；花被片椭圆形，白色，长约 2.5 毫米；雄蕊较花被短；花柱 3。瘦果宽卵形，具 3 锐棱，伸出宿存花被 2~3 倍。

貉藻 *
Aldrovanda vesiculosa

科属：茅膏菜科 貉藻属
生境：水中

花期：9月

　　浮水或沉水草本，长6~10厘米，无根。叶6~9片轮生；叶柄长3~4毫米，顶部具4~6条钻形裂条；叶肾状圆形，长4~6毫米，具腺毛和感应毛，受刺激时两半以中肋为轴相互靠合，外圈紧贴，中央形成一囊体，以此捕捉昆虫。花单生叶腋，具短梗。萼片5，基部合生；花瓣5，白色或淡绿色，长圆形。果近球状，不裂。种子卵圆形，黑色。

金铁锁
Psammosilene tunicoides

科属：石竹科 金铁锁属
花期：6~9月
生境：金沙江和雅鲁藏布江沿岸

多年生草本。茎平卧，茎圆柱形，中空。叶卵形，长 1~2.5 厘米，宽 1~1.5 厘米，上面疏生细柔毛，下面仅沿中脉有柔毛。聚伞花序顶生，三歧出，有头状腺毛；花无梗或有极短梗；萼筒狭漏斗形，有 15 棱，多腺毛，萼齿 5；花瓣 5，狭匙形，紫堇色，长 7~8 毫米；雄蕊 5，和萼片对生，伸出花外。蒴果长棍棒形，有 1 颗种子；种子长倒卵形，褐色。

苞藜 *
Baolia bracteata

科属：苋科 苞藜属

生境：阳坡

花期：8~9 月

一年生草本。茎直立。叶片卵状椭圆形，长 1~2.2 厘米，宽 5~10 毫米，全缘，先端短渐尖，基部楔形。花两性，2~4 个团集，生于叶腋，每花有 1 个苞片和 2 个小苞片；苞片狭卵形，小苞片狭卵形至三角形，膜质；花被近球形，5 裂，裂片稍肉质，风兜状，果时长约 1 毫米。胞果近球形，黑褐色，表面具整齐圆形点洼。种子与果皮不易剥离。

阿拉善单刺蓬 *
Cornulaca alaschanica

二级

科属：苋科 单刺蓬属
花期：8~10月
生境：流沙边缘或沙丘间

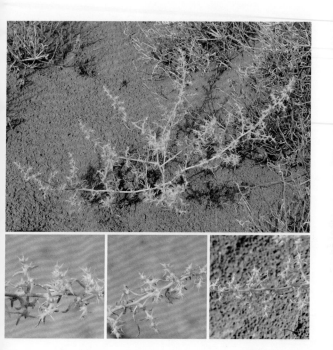

　　一年生草本，植株呈塔形，高达20厘米。茎圆柱状；分枝近平展。叶针刺状，长5~8毫米，黄绿色，稍开展，劲直或稍外曲，基部三角形或宽卵形，具膜质边缘。花常2~3朵簇生；小苞片舟状，先端具长2~4毫米刺尖。花被片先端的离生部分窄二角形，白色，长约0.4毫米，果时花被与刺状附属物的结合体长约6.5毫米。胞果卵形，背腹扁。

珙桐
Davidia involucrata

科属：蓝果树科 珙桐属
生境：落叶阔叶混交林中　　　　花期：4月

　　乔木，高 15~20 米；树皮深灰褐色。叶互生，纸质，宽卵形，先端渐尖，基部心形，边缘有粗锯齿，幼时上面生长柔毛，下面密生淡黄色粗毛。花杂性，由多数雄花和一朵两性花组成顶生的头状花序，花序下有两片白色大苞片，苞片矩圆形或卵形。核果长卵形，长 3~4 厘米，紫绿色，有黄色斑点；种子 3~5 颗。

云南蓝果树

Nyssa yunnanensis

科属：蓝果树科 蓝果树属

花期：3 月　　生境：山谷密林中

　　大乔木，高达 30 米。叶厚纸质，椭圆形或倒卵形，长 15~22 厘米，基部楔形或宽楔形，全缘或微波状。花单性，生于小枝中上部叶腋或叶痕处。雄花为伞形花序；花萼具 5 小萼片；小苞片 4；花瓣 5，窄椭圆形；雄蕊 10，2 轮。雌花为头状花序。头状果序具 4~5 核果。果近椭圆形，长约 2 厘米，微被绒毛，具 4 枚宿存小苞片。种子稍扁，具 7。

黄山梅

Kirengeshoma palmata

科属：绣球花科 黄山梅属
生境：山谷林中阴湿处

花期：3~4 月

4 春
3

　　多年生草本，高达 1.2 米。茎紫色。叶对生，圆心形，掌状分裂，有粗锯齿。聚伞花序生于上部叶腋及顶生，通常具 3 花；花两性，黄色，由于花梗稍弯曲而稍俯垂；萼筒半球形，裂片 5，三角形；花瓣 5，离生，矩圆状倒卵形或近狭倒卵形，长约 3 厘米。蒴果宽椭圆形或近球形，顶端具宿存花柱；种子多数，扁平，周围具斜翅。

蛛网萼 二级
Platycrater arguta

花期：7月

科属：绣球花科 蛛网萼属
生境：山谷水旁林下或山坡灌丛中

　　落叶灌木，直立或披散，高 50~100 厘米。叶对生，薄膜质，狭椭圆形至宽披针状椭圆形，长 9~15 厘米，宽 3~6 厘米，边缘有疏锯齿。伞房花序顶生，具少数花；花二型；放射花有 1 枚盾状萼瓣，萼瓣三角形，宽 1.5~3 厘米，半透明，绿黄色，有密集网脉；孕性花白色；花萼 4 裂，裂片披针形，长 4~7 毫米；花瓣 4，长约 6 毫米。蒴果倒卵形。

猪血木

Euryodendron excelsum

5 6 7 8 夏

科属：五列木科 猪血木属

生境：低丘疏林中或林缘

花期：5~8月

　　常绿乔木，高达 20 米。叶互生，薄革质，椭圆状长圆形或长圆形，长 5~9 厘米，基部楔形，具锯齿。花小，两性；单生或 2~3 朵簇生叶腋。苞片 2，萼片状，着生于花梗上部，宿存；萼片 5，花瓣 5，长约 4 毫米，白色，倒卵形；雄蕊 20~25。浆果，蓝黑色，球形或卵圆形，径 3 毫米，3 室；每室具 4~6 颗种子。

科属：山榄科 藏榄属

花期：9 月　　生境：森林或路边

　　乔木，树高 25~30 米。叶片长圆状倒卵形，长 25~55 厘米，宽 10~17 厘米，背面贴伏，被微柔毛，基部楔形，先端短渐尖。花芳香，生于小枝顶端，花 16~25 朵。萼片 5~6，黄绿色，卵形；花冠直径 2~2.4 厘米，裂片 12~13，卵状长圆形，先端圆形或截形。雄蕊 80~90，子房盘状，花柱 2~2.5 厘米。

海南紫荆木
Madhuca hainanensis

科属：山榄科 紫荆木属
生境：山地常绿林中

花期：6~9月

常绿乔木，高达 30 米，有黄白色乳汁。叶常聚生枝顶，革质，矩圆状倒卵形至倒披针形，长 6~12 厘米，顶端钝或圆，边常反卷，侧脉纤细而密，多达 30 对。花 1~3 朵腋生，花梗长而弯垂；萼片 4，近卵形，长达 8 毫米；花冠白色，长 1.2 厘米左右，8~10 裂；雄蕊 18~30，排成 3 轮。浆果近球状，绿黄色；种子椭圆状，两侧扁。

紫荆木

Madhuca pasquieri

二级

科属：山榄科 紫荆木属

花期：7~9月　　生境：山地林中

　　乔木，高达 30 米，具乳汁。叶互生，革质，倒卵形或倒卵状长圆形，长 6~16 厘米，先端宽渐纯尖，基部宽楔形或楔形，托叶披针状线形，早落。花数朵簇生叶腋，花梗长 1.5~3.5 厘米，花萼 4 裂，长 3~6 毫米；花冠黄绿色，长 5~7.5 毫米，裂片 6~11。果椭圆状球形或球形，长 2~3 厘米，具宿存花萼和花柱，果皮肥厚。种子 1~5 颗。

445

小萼柿 *

Diospyros minutisepala

科属：柿科 柿属

生境：石灰岩山地林中

花期：4~5 月

常绿乔木，高达 18 米。树皮深棕色，不规则鳞片状。叶互生，椭圆形或卵形，革质。末见雄花。雌花单生，腋生在当年的枝上；萼裂片 4，分裂到中部，宽三角形；花冠淡黄色，芳香；花冠筒四棱；花冠瓶状，裂至中部；裂片 4，反折。子房卵球形。成熟时的浆果橙黄色，球状或在两端凹陷，无毛。种子 6~8 颗，棕色，侧面压扁，表面具纵向凹槽。

川柿 * 二级

Diospyros sutchuensis

科属：柿科 柿属

花期：5~6月

生境：林中

　　乔木，高7~8米。叶革质，长圆形，长8~12厘米，宽2.8~4.7厘米，先端急尖，基部圆形或近圆形，上面深绿色，有光泽，下面绿色，侧脉每边6~8条，上面凹陷，下面凸起。果腋生，单生，近球形，直径3~4厘米，黄绿色，密被短柔毛，有种子3~7颗；种子褐色，近肾形。

447

羽叶点地梅 *

Pomatosace filicula

科属：报春花科 羽叶点地梅属

生境：高山草甸和河滩砂地

花期：5~6月

一年生或二年生草本。叶基生成束；叶片条状矩圆形，长 4~5 厘米，宽 1.5~2 厘米，羽状分裂，裂片长三角形，顶端圆钝或钝尖，向上弯曲；叶柄两侧有翅，有较长的卷毛。花葶长 9~12 厘米；头状伞形花序，有花 6~8 朵；苞片匙状披针形；花梗长 2.5 毫米；花萼钟状，长 3 毫米，裂片三角形；花冠白色，杯状高脚碟形，子房球形。蒴果卵圆形。

圆籽荷
Apterosperma oblata

科属：山茶科 圆籽荷属
生境：山区常绿阔叶林中

花期：5~6月

　　乔木，高达 10 米。叶集生枝顶，叶革质，互生，多列，窄长圆形，长 5~10 厘米，先端渐尖，基部楔形。花淡黄色，径 1.5 厘米，5~9 朵成总状花序。萼片 5，倒卵形，花瓣 5，白色，宽倒卵形，长 7 毫米；雄蕊多数，2 轮；子房上位，花柱极短或缺，顶端 5 浅裂。蒴果扁球形，高 5~6 毫米，径 0.8~1 厘米，室背 5 片裂。种子肾圆形。

杜鹃红山茶 杜鹃叶山茶
Camellia azalea

科属：山茶科 山茶属

生境：山地

花期：10~12 月

　　灌木。叶革质，倒卵状长圆形，长 7~11 厘米，宽 2~3.5 厘米，先端圆或钝，基部楔形，多少下延，侧脉 6~8 对。花深红色，单生于枝顶叶腋；直径 8~10 厘米；苞片与萼片 8~9 片，倒卵圆形；花瓣 5~6 片，长倒卵形，外侧 3 片较短，长 5~6.5 厘米，宽 1.7~2.4 厘米，内侧 3 片长 8~8.5 厘米，宽 2.2~3.2 厘米。蒴果短纺锤形。

（所有种）山茶属金花茶组

Camellia sect. *Chrysantha* spp.

科属：山茶科 山茶属

生境：石灰岩山地常绿林下

常绿小乔木或灌木。单叶互生；花单生或 2~5 朵簇生叶腋；花萼 5；花瓣 5~12；雄蕊多数，排成 2~6 轮；子房 5 室；花柱极短；蒴果室背开裂。中国产 15 种 4 变种，所有种均列入《国家重点保护野生植物名录》二级。

1. 薄叶金花茶 *Camellia chrysanthoides*

2. 德保金花茶 *Camellia debaoensis*

3. 显脉金花茶 *Camellia euphlebia*

4. 簇蕊金花茶 *Camellia fascicularis*

5. 淡黄金花茶 *Camellia flavida*

6. 多变淡黄金花茶 *Camellia flavida* var. *patens*

7. 贵州金花茶 *Camellia huana*

8. 凹脉金花茶 *Camellia impressinervis*

9. 中越金花茶 *Camellia indochinensis*

10. 东兴金花茶 *Camellia indochinensis* var. *tunghinensis*

11. 小花金花茶 *Camellia micrantha*

12. 富宁金花茶 *Camellia mingii*

13. 四季花金花茶 *Camellia perpetua*

14. 金花茶 *Camellia petelotii*

15. 小果金花茶 *Camellia petelotii* var. *microcarpa*

16. 毛花金花茶 *Camellia piloflora*

17. 平果金花茶 *Camellia pingguoensis*

18. 顶生金花茶 *Camellia pingguoensis* var. *terminalis*

19. 毛瓣金花茶 *Camellia pubipetala*

20. 喙果金花茶 *Camellia rostrata*

山茶属金花茶组代表图

显脉金花茶 *Camellia euphlebia*

贵州金花茶 *Camellia huana*

凹脉金花茶 *Camellia impressinervis*

小花金花茶 *Camellia micrantha*

金花茶 *Camellia petelotii*

毛瓣金花茶 *Camellia pubipetala*

（所有种，大叶茶、大理茶除外）**山茶属茶组** *

Camellia sect. *Thea* spp. (excl. *C. sinensis* var. *assamica*, *C. taliensis*)

科属：山茶科 山茶属

生境：山地疏林、林中

常绿小乔木或灌木。单叶互生；花单生或 2~5 朵簇生叶腋；花萼 5；花瓣 5~12；雄蕊多数，排成 2~6 轮；子房 5 室；花柱极短；蒴果室背开裂。中国产 11 种 6 变种，除大叶茶、大理茶外，其余种列入《国家重点保护野生植物名录》二级。

1. 突肋茶 *Camellia costata*

2. 厚轴茶 *Camellia crassicolumna*

3. 光萼厚轴茶 *Camellia crassicolumna* var. *multiplex*

4. 防城茶 *Camellia fangchengensis*

5. 大苞茶 *Camellia grandibracteata*

6. 秃房茶 *Camellia gymnogyna*

7. 广西茶 *Camellia kwangsiensis*

8. 毛萼广西茶 *Camellia kwangsiensis* var. *kwangnanica*

9. 膜叶茶 *Camellia leptophylla*

10. 毛叶茶 *Camellia ptilophylla*

11. 茶 *Camellia sinensis*

12. 德宏茶 *Camellia sinensis* var. *dehungensis*

13. 白毛茶 *Camellia sinensis* var. *pubilimba*

14. 大厂茶 *Camellia tachangensis*

15. 疏齿大厂茶 *Camellia tachangensis* var. *remotiserrata*

山茶属茶组代表图

突肋茶 *Camellia costata*

防城茶 *Camellia fangchengensis*

秃房茶 *Camellia gymnogyna*

毛叶茶 *Camellia ptilophylla*

白毛茶
Camellia sinensis var. *pubilimba*

茶 *Camellia sinensis*

普洱茶 **大叶茶** 二级

Camellia sinensis var. *assamica*

科属：山茶科 山茶属
生境：山地疏林

花期：11~12月

大乔木，高达 16 米。叶薄革质，椭圆形先端锐尖，基部楔形，上面干后褐绿色，略有光泽，下面浅绿色，中肋上有柔毛，其余被短柔毛，老叶变秃；侧脉 8~9 对，在上面明显，在下面突起，网脉在上下两面均能见，边缘有细锯齿。花腋生。苞片 2，早落。萼片 5，近圆形。花瓣 6~7 片，倒卵形。雄蕊离生，无毛。蒴果扁三角球形。种子每室 1 个，近圆形。

大理茶
Camellia taliensis

科属：山茶科 山茶属
生境：山地疏林中

花期：11~12 月

　　灌木至小乔木，高 2~7 米。叶革质，椭圆形或倒卵状椭圆形，先端略尖或急短尖，尖头钝，基部阔楔形。花顶生，1~3 朵，苞片 2 片，位于花柄中部，细小，无毛，早落；萼片 5 片，不等大，半圆形至近圆形，背无毛，边缘有睫毛，宿存；花瓣多至 11 片，白色，基部与花丝连生 3~4 毫米，卵圆形或倒卵圆形，外侧 3~4 片背面有毛，其余各片无毛。

（所有种） **秤锤树属**

Sinojackia spp.

二级

科属：安息香科 秤锤树属

生境：林中或林缘灌丛中

落叶乔木或灌木。冬芽裸露；总状聚伞花序，生于侧生小枝顶端；花萼几全部与子房合生，萼齿4~7，宿存；花冠4~7裂；雄蕊8~14枚；花丝等长或5长5短，下部联合成短管；子房下位，3~4室；果实除喙外全部为宿存花萼所包围并与其合生，外果皮具皮孔；种子1枚。中国产7种1变种，所有种均列入《国家重点保护野生植物名录》二级。

1. 棱果秤锤树 *Sinojackia henryi*
2. 黄梅秤锤树 *Sinojackia huangmeiensis*
3. 细果秤锤树 *Sinojackia microcarpa*
4. 怀化秤锤树 *Sinojackia oblongicarpa*
5. 狭果秤锤树 *Sinojackia rehderiana*
6. 肉果秤锤树 *Sinojackia sarcocarpa*
7. 秤锤树 *Sinojackia xylocarpa*
8. 乐山秤锤树 *Sinojackia xylocarpa* var. *leshanensis*

秤锤树属代表图

黄梅秤锤树 *Sinojackia huangmeiensis*　　　秤锤树 *Sinojackia xylocarpa*

软枣猕猴桃 *
Actinidia arguta

科属：猕猴桃科 猕猴桃属
生境：山地林中

花期：5~6月

　　大藤本，长可达 30 米以上。老枝光滑；髓褐色，片状。叶片膜质到纸质，卵圆形、椭圆状卵形，顶端突尖或短尾尖，基部圆形或心形，边缘有锐锯齿，下面在脉腋有淡棕色或灰白色柔毛。腋生聚伞花序有花 3~6 朵；花白色，直径 1.2~2 厘米，花被 5 数，萼片仅边缘有毛，花柄无毛；雄蕊多数。浆果球形到矩圆形，光滑。

中华猕猴桃 *
Actinidia chinensis

科属：猕猴桃科 猕猴桃属
花期：4~5月　生境：温暖湿润背风向阳环境

　　藤本。幼枝及叶柄密生灰棕色柔毛，老枝无毛；髓大，白色，片状。叶片纸质，圆形、卵圆形或倒卵形，长 5~17 厘米，顶端突尖、微凹或平截，边缘有刺毛状齿，上面仅叶脉有疏毛，下面密生灰棕色星状绒毛。花开时白色，后变黄色；花被 5 数，萼片及花柄有淡棕色绒毛；雄蕊多数；花柱丝状，多数。浆果卵圆形或矩圆形，密生棕色长毛。

金花猕猴桃 *
Actinidia chrysantha

科属：猕猴桃科 猕猴桃属
生境：灌丛、林中

花期：5月

　　落叶藤本。小枝皮孔显著，髓心褐色，片层状。叶纸质，宽卵形或披针状长卵形，先端骤短尖或渐尖，基部浅心形、平截或宽楔形，具圆齿。花序 1~3 花，被褐色绒毛。花金黄色；萼片 5，卵形或长圆形，两面被毛；花瓣 5，瓢状倒卵形；花药黄色，子房密被褐色绒毛。果近球形，褐色或绿褐色，无毛，具枯黄色斑点，萼片宿存。

条叶猕猴桃 *
Actinidia fortunatii

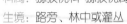

科属: 猕猴桃科 猕猴桃属

花期: 4~6月　　生境: 路旁、林中或灌丛

　　藤本。小枝及叶柄通常无毛(有时嫩枝顶部有褐色柔毛);髓小,白色,片状。叶片纸质,披针形或卵状披针形,长 8~14厘米,通常大于宽度 2 倍以上,基部心形,两面无毛,下面通常有白粉。花直径约 1 厘米,粉红色或紫红色;花被 5 数,花萼连同花柄无毛;雄蕊多数;花柱丝状,多数。浆果矩圆形,幼时有柔毛,很快变无毛,成熟时有斑点。

大籽猕猴桃 *
Actinidia macrosperma

科属：猕猴桃科 猕猴桃属
生境：低山丘陵林中或林缘

花期：5月

中型落叶藤本。小枝髓白色，实心。叶卵形或椭圆状卵圆形，顶端急尖至圆形，基部宽楔形至圆形，边缘有细锯齿或圆锯齿。花常单生，白色；萼片2~3片，卵圆形，两面无毛；花瓣5~6片；花药黄色，卵形；子房矮瓶状，花柱比子房稍短。果成熟时橙黄色，卵圆形或球圆形，长约3厘米。无斑点，基部无宿存萼片。种子粒大，长约4毫米。

兴安杜鹃
Rhododendron dauricum

二级

科属：杜鹃花科 杜鹃花属
花期：5~6月　　生境：干燥石质山坡、山脊灌丛

　　半常绿灌木，高 1~2 米，多分枝。小枝有鳞片和柔毛。叶近革质，散生，椭圆形，两端钝，顶端有短尖头，上面深绿色，有疏鳞片，下面淡绿色，有密鳞片，彼此接触或覆瓦状。花序侧生枝端，有花 1~2 朵；花芽鳞早落；花粉红色，先花后叶，花萼短，外面有密鳞片；花冠宽漏斗状，外面有柔毛；雄蕊10，伸出，花丝下部有毛。蒴果，矩圆形，有鳞片。

朱红大杜鹃
Rhododendron griersonianum

科属：杜鹃花科 杜鹃花属
生境：混交林内或灌丛中

花期：5~7月

　　常绿灌木，高1.5~3米。枝通直。叶革质，狭长圆形或披针形，先端急尖或渐尖，基部钝，边缘略反卷，上面暗绿色，幼时有毡毛，叶柄常为紫色，具丛卷毛及长的刚毛状腺体。顶生总状伞形花序，开展，有花5~12朵；花萼小，裂片5，三角形或卵形；花冠漏斗形，亮深红色至朱红色，裂片5，近于圆形。蒴果长圆柱形，有明显的肋纹及残存的黄褐色绒毛。

华顶杜鹃

Rhododendron huadingense

花期：4月

科属：杜鹃花科 杜鹃花属
生境：林中

灌木，1~4 米。叶片纸质，卵形或椭圆形，长 6~10 厘米；基部宽楔形至圆形，边缘有细锯齿，先端锐尖，侧脉 10~12 对。花序 2~4 花，花梗 1~2 厘米；花萼小，腺毛；花冠漏斗状，浅紫色或紫红色，上部裂片基部有紫色斑点，裂片 5，椭圆形；雄蕊 10，3~4.5 厘米；子房卵球形；花柱与花冠等长。蒴果卵球形，约 10 毫米 ×8 毫米。

465

井冈山杜鹃
Rhododendron jingangshanicum

科属：杜鹃花科 杜鹃花属
生境：山谷丛林中

花期：9 月

　　灌木。树枝粗壮。叶片革质，长圆形或长圆状披针形，中部以上最宽，基部楔形；边缘起伏；先端锐尖。花序总状伞形，7 或 8 朵花。花梗 2.5~3 厘米；花萼盘状，裂片 5，约 8 毫米；花冠斜钟状，紫色，6~7 厘米，裂片 5，微缺；雄蕊 16，不等长，2.8~3.6 厘米，花丝基部有短柔毛；子房卵球形，无毛；花柱约 4.5 厘米，被微柔毛。蒴果弯曲。

江西杜鹃

Rhododendron kiangsiense

二级

科属：杜鹃花科 杜鹃花属

花期：6月

生境：山坡

灌木，高约 1 米。叶片革质，长圆状椭圆形，长 4~5 厘米，宽 2~2.5 厘米，顶端钝尖具小短尖头，基部楔形或钝尖，边缘略反卷，下面灰色，被鳞片。花序顶生，伞形，有花 2 朵；花萼长 7~8 毫米，5 裂，裂片卵形，边缘波状；花冠宽漏斗形，长 4~6.2 厘米，直径 4 厘米，白色，5 裂，裂片圆形，边缘波状；雄蕊 8，花丝线形；子房密被鳞片。

尾叶杜鹃

Rhododendron urophyllum

科属：杜鹃花科 杜鹃花属

生境：常绿阔叶林中

花期：3~5月

　　灌木，枝条细瘦。叶革质，椭圆状披针形或倒卵状披针形，中部以上最宽，先端渐尖，有尖尾，基部宽楔形或近于圆形，上面深绿色，无毛，下面淡黄绿色。总状伞形花序，有花10~12朵，有淡黄色绒毛；花梗细长，密被腺头刚毛；花萼小、5裂，裂片三角状卵形，有同样的毛；花冠钟状，深红色，基部有深紫色的蜜腺囊，5裂，裂片近于圆形，顶端有凹缺。

圆叶杜鹃

Rhododendron williamsianum

二级

科属：杜鹃花科 杜鹃花属

花期：4~5月　　生境：疏林中

　　灌木，高 1~2 米。枝条细瘦。叶革质，宽卵形或近于圆形，先端圆形，有细尖头，基部心形或近于圆形，上面深绿色。总状伞形花序，有花 2~6 朵；花萼小，盘状，6 裂，裂片宽三角形，外面及边缘有短柄腺体；花冠宽钟状，粉红色，无色点，5~6 裂，裂片近圆形，顶端微缺；雄蕊 10~12，不等长，花丝无毛，花药卵圆形，深紫红色。蒴果圆柱形，有腺体。

绣球茜
Dunnia sinensis

科属：茜草科 绣球茜属
生境：山谷溪边灌丛中或林内

花期：4~11 月

　　小灌木，高约 1 米。叶对生，近革质，长椭圆状披针形，长 11~23 厘米，顶端渐尖，侧脉很密，多达 30 对；托叶大，基部与叶柄合生，顶端 2 裂。聚伞花序顶生，伞房状，总花梗粗长挺直；花黄色，有短梗，4 数；花萼近卵状，长约 1.5 毫米，萼齿很小，钝头；花冠狭钟状，长约 1.4 厘米。蒴果近球状，种子有膜质的阔翅。

香果树

Emmenopterys henryi

科属：茜草科 香果树属

花期：6~8月　　生境：山谷林中

　　落叶大乔木，高达 30 米。叶对生，有长柄，革质，宽椭圆形至宽卵形，长达 20 余厘米，顶端急尖或骤然渐尖；托叶大，三角状卵形，早落。聚伞花序排成顶生大型圆锥花序状，常疏松；花大，黄色，5 数，有短梗；花萼近陀螺状，裂片顶端截平；花冠漏斗状，长约 2 厘米，裂片覆瓦状排列。蒴果近纺锤状，成熟时红色，室间开裂为 2 果瓣；种子很多，小而有阔翅。

巴戟天
Morinda officinalis

科属：茜草科 巴戟天属
生境：山地林下或灌丛中

花期：5~7月

　　藤本。叶对生，矩圆形，长 6~10 厘米，顶端急尖或短渐尖，基部钝或圆；托叶鞘状。花序头状或由 3 至多个头状花序组成的伞形花序，头状花序直径 5~9 毫米，有花 2~10 朵，生长 3~10 毫米、被粗毛的总花梗上；萼筒半球形，萼檐近截平或浅裂，裂片大小不相等；花冠白色，长 7 毫米，裂片 3~4，长椭圆形，内弯。聚合果近球形，红色。

滇南新乌檀
Neonauclea tsaiana

科属：茜草科 新乌檀属
生境：高草灌丛或次生疏林中

花期：9~10月

　　大乔木，高 30~40 米，基部有板根；树干圆柱状，劲直。叶片纸质，卵形或卵状椭圆形，顶端短尖或渐尖。花序梗 1~5，头状花序，萼裂片 5，外面被短柔毛，里面无毛，脱落，顶部倒梨形；花冠淡黄色，漏斗形，管长 7~9 毫米，裂片 5，长圆形；雄蕊 5，生于冠管的上部，花丝短，花药长圆形。头状果序，果疏松，棒状，压扁，顶部被苍白色短柔毛。

辐花
Lomatogoniopsis alpina

科属：龙胆科 辐花属
生境：云杉林缘、草甸及灌丛

花期：8~9 月

　　一年生小草本。茎基部多分枝。基生叶匙形，连柄长 0.5~1 厘米；茎生叶卵形，无柄。聚伞花序顶生及腋生。萼筒长约 1 毫米，裂片卵形或卵状椭圆形，先端钝圆；花冠蓝色，冠筒长 1~1.5 毫米，裂片二色，椭圆形，长 5.5~9 毫米，先端尖，附属物窄椭圆形，淡蓝色，具深蓝色斑点，密被乳突。蒴果卵状椭圆形，种子近球形，光滑。

驼峰藤

Merrillanthus hainanensis

二级

科属：夹竹桃科 驼峰藤属

花期：3~4月　　生境：低海拔或中海拔山谷林中

　　藤本，长约2米。叶对生，椭圆状卵形，长5~15厘米，先端骤渐尖，基部圆形或近心形。聚伞花序总状，多歧，小苞片卵形。花萼5裂，内面基部具5腺体；花冠浅钵状，5裂至中部，裂片向右覆盖；副花冠肉质，着生合蕊冠，5裂，裂片卵形；花丝合生成筒，花药顶端附属物膜质，卵形，覆盖柱头。蓇葖果单生，宽纺锤形。种子扁卵圆形，顶端具白色绢毛。

富宁藤
Parepigynum funingense

科属：夹竹桃科 富宁藤属
生境：山地密林中

花期：2~9月

　　粗壮高大藤本。叶腋间及腋内均有钻状腺体。叶对生，长圆状椭圆形至长圆形，端部短渐尖，基部楔形。聚伞花序伞房状，顶生及腋生，着花6~13朵；花萼5深裂；花冠黄色，浅高脚碟状，花冠裂片椭圆形，端部钝，雄蕊着生于花冠筒的近基部；子房半下位。蓇葖2枚合生，成熟时上部裂开，狭披针形，向端部渐尖，外果皮绿色，干时暗褐色，有纵条纹。

软紫草 **新疆紫草** *
Arnebia euchroma

科属：紫草科 软紫草属
生境：高山多石砾山坡或草坡

花期：6~8月

　　多年生草本。根含紫色物质。茎高 12~25 厘米。基生叶披针状条形，长 5~10 厘米，宽 2~5 毫米，茎生叶形状似基生叶，但渐变小。花序近球形，密生多数花；苞片条状披针形，比花短；花萼长约 10 毫米，5 深裂，裂片狭条形；花冠紫色，筒与萼近等长，檐部钟状，长约 5 毫米，5 浅裂，喉部无附属物；雄蕊 5。小坚果卵形，长约 4 毫米，有疣状突起。

橙花破布木
Cordia subcordata

科属：紫草科 破布木属
生境：沙地疏林

花期：6 月

　　小乔木，高约 3 米。叶卵形或狭卵形，先端尖或急尖，基部钝或近圆形，全缘或微波状。聚伞花序与叶对生，花萼革质，圆筒状，长约 13 毫米，宽约 8 毫米，具短小而不整齐的裂片；花冠橙红色，漏斗形，长 3.5~4.5 厘米，喉部直径约 4 厘米，具圆而平展的裂片。坚果卵球形或倒卵球形，长约 2.5 厘米，被增大的宿存花萼完全包围。

黑果枸杞 *
Lycium ruthenicum

二级

科属：茄科 枸杞属
生境：盐碱地及沙地

花期：5~10月

　　多棘刺灌木，高20~150厘米。多分枝，枝条坚硬，常呈"之"字形弯曲，白色。叶2~6片簇生于短枝上，肉质，无柄，条形、条状披针形或圆柱形，长5~30毫米，顶端钝而圆。花1~2朵生于棘刺基部两侧的短枝上；花梗细；花萼狭钟状，2~4裂；花冠漏斗状，筒部常较檐部裂片长2~3倍，浅紫色；雄蕊不等长。浆果球形，成熟后紫黑色；种子肾形。

云南枸杞 *
Lycium yunnanense

科属：茄科 枸杞属
生境：河旁沙地潮湿处或丛林中

花期：9~11月

　　直立灌木，丛生，高50厘米。茎粗壮而坚硬，小枝顶端锐尖，呈针刺状。叶小型，长8~15毫米，宽2~3毫米；花小，花冠长5.5~7毫米，花冠筒稍长于裂片，雄蕊和花柱显著长于花冠，花冠筒内壁几乎无毛；果实小，直径约4毫米，但有20粒以上的种子；种子仅长1毫米。

水曲柳

Fraxinus mandschurica

接受名：*Fraxinus mandshurica*

科属：木樨科 梣属

生境：山坡疏林中或河谷平缓山地

花期：4 月

落叶乔木。羽状复叶在枝端对生，长 25~35 厘米，小叶 7~11，纸质，长圆形或卵状长圆形，长 5~20 厘米，先端渐尖或尾尖，基部楔形或圆钝；小叶近无柄。圆锥花序生于去年生枝上，先叶开花。雄花与两性花异株，无花冠，无花萼；雄花花梗细，长 3~5 毫米，两性花花梗细长。翅果长圆形或倒圆状披针形，中部最宽，翅下延至坚果基部，扭曲。

481

天山梣
Fraxinus sogdiana

科属：木樨科 梣属
生境：河旁低地及开旷落叶林中

花期：6 月

　　落叶乔木。羽状复叶在枝端呈螺旋状三叶轮生，长 10~30 厘米；小叶 7~13 枚，纸质，卵状披针形或狭披针形，长 2.5~8 厘米，宽 1.5~4 厘米，先端渐尖或长渐尖，叶缘具不整齐而稀疏的三角形尖齿。聚伞圆锥花序生于去年生枝上，长约 5 厘米；花杂性，2~3 朵轮生，无花冠也无花萼。翅果倒披针形，上中部最宽，翅下延至坚果基部，强度扭曲。

毛柄木樨 **毛柄木犀** 二级
Osmanthus pubipedicellatus

科属：木樨科 木樨属

花期：9月　　生境：山坡上沙土中

　　常绿灌木，高约 3 米。小枝灰黄色，幼枝黄白色，被柔毛。叶片厚革质，狭椭圆形，少数为披针形，先端长渐尖，具锐尖头，基部狭楔形，全缘。聚伞花序成簇腋生，每腋内有花芽 1~2 枚，每芽约有花 5 朵；花芳香；花萼裂片 2 大 2 小，相对排列；花冠白色，雄蕊着生于花冠管基部，花丝长约 0.5 毫米，花药长约 1 毫米，药隔延长成明显的三角形小尖头。

毛木犀 毛木樨
Osmanthus venosus

科属：木樨科 木樨属

生境：山地林中

花期：8~9月

常绿灌木或小乔木，高 2~4 米。枝灰色，小枝被柔毛。叶片革质、狭椭圆形、披针形或倒披针形，先端渐尖，基部楔形至钝，全缘或仅在中部具 3~4 对牙齿状锯齿。花序簇生于叶腋，每腋内有花 4~10 朵；花芳香；花萼裂片大小不等；花冠白色，裂片卵形，雄蕊着生于花冠管中部，药隔在花药先端延伸成一个大而圆的突起。

瑶山苣苔

Dayaoshania cotinifolia

接受名：*Oreocharis cotinifolia*

科属：苦苣苔科 瑶山苣苔属

花期：9 月

生境：山地林中或路边林下

多年生草本。叶 9~17 枚，均基生；叶片宽椭圆形，顶端微尖，基部稍斜，圆形或宽楔形，边缘近全缘。聚伞花序 2~4 条，每花序有 1~2 花。花萼 5 全裂，裂片狭三角形，长 5~8 毫米，宽 1.2~2 毫米，边缘近全缘。花冠淡紫色或白色，长 1.3~1.9 厘米，外面疏被短柔毛，上唇 2 裂，下唇 3 裂近中部。果线形，被短柔毛。

秦岭石蝴蝶
Petrocosmea qinlingensis

科属：苦苣苔科 石蝴蝶属
生境：山地岩石上

花期：8~9月

多年生草本。叶 7~12 枚，叶片草质，宽卵形、菱状卵形，顶端圆形或钝，基部宽楔形，边缘浅波状。花序 2~6 条，花萼 5 裂达基部；裂片狭三角形，长约 3.8 毫米。花冠淡紫色，外面疏被贴伏短柔毛，上唇 2 深裂近基部，下唇与上唇近等长，3 深裂，所有裂片近长圆形，顶端圆形。雄蕊花丝着生于近花冠基部处；退化雄蕊狭线形。雌蕊柱头小，球形。

报春苣苔
Primulina tabacum

二级

科属：苦苣苔科 报春苣苔属
花期：8~10月　　生境：岩石及河边悬崖

　　多年生草本。叶基生，叶片圆卵形，长5~10厘米，基部浅心形，边缘浅裂，裂片小，近三角形。花葶与叶近等长或比叶短，聚伞花序伞状，有3~7朵花；苞片2，狭卵形，有腺毛；花萼长约8毫米，5深裂，裂片披针形；花冠紫色，高脚碟状，长约1.2厘米，有短毛和腺毛，5裂，裂片圆卵形，下面的3个较大；能育雄蕊2，生花冠筒近基部处，花柱短。

辐花苣苔

Thamnocharis esquirolii

接受名：*Oreocharis esquirolii*

科属：苦苣苔科 辐花苣苔属

生境：山地灌丛中或林下

花期：8 月

　　多年生小草本。叶 14~18，均基生，具柄；叶片纸质，多椭圆形，顶端微尖或钝，基部楔形，边缘有小钝齿。聚伞花序约 3 条，每花序有 5~9 花。花萼钟状，4~5 裂近基部，裂片稍不等大，三角形。花冠紫色或蓝色，辐状，4~5 深裂；筒长约 2 毫米，裂片披针状长圆形。雄蕊 4~5，不等长，花药宽椭圆形。雌蕊柱头近截形。蒴果线状披针形。

胡黄连

二级

Neopicrorhiza scrophulariiflora

科属：车前科 胡黄连属
花期：7~8月　生境：高山草地或岩石上

　　多年生矮小草本。叶基生，呈莲座状，匙形或卵形，长3~6厘米，基部渐窄成短柄，边缘具锯齿。花葶生棕色腺毛，穗状花序长1~2厘米，花萼长4~6毫米，深裂几达基部，萼片披针形；花冠二唇形，深紫色，长0.8~1厘米，上唇略向前弯作盔状，先端微凹，下唇3裂片长达上唇之半，2侧裂片先端具2~3小齿。蒴果长卵圆形。

丰都车前 *
Plantago fengdouensis

科属：车前科 车前属
生境：岛屿上季节性淹没的沉积区　　花期：4~5 月

　　多年生草本。纤维根多数。叶基生，叶片披针形至线状披针形，长为宽的 2.5 倍以上，无毛或于裂片弯缺附近具短毛，花序梗无毛，花冠淡黄色，花药长 1.5~2.5 毫米，黄色，种子长 2.1~2.8 毫米，腹面具一纵槽。

长柱玄参 *
Scrophularia stylosa

花期：6月

科属：玄参科 玄参属
生境：石崖上

　　茎高达60厘米，不分枝或上部具短分枝，中空。叶全部对生，下面两对极小；叶片质地较薄，狭卵形至宽卵形，基部宽楔形至亚心形，上面绿色，下面带灰白色，边缘有大尖齿，稀浅圆齿，基部宽过于长。聚伞花序具1~3花，全部腋生，总梗和花梗细长，生腺柔毛，花萼裂片披针状卵形至披针形，顶端尖；花冠淡黄色，花冠筒稍肿大。蒴果尖卵形。

盾鳞狸藻 *
Utricularia punctata

科属：狸藻科 狸藻属
生境：稻田灌溉渠中

花期：6~8 月

　　水生草本。葡匐枝圆柱状。叶器多数，互生，2 或 3 深裂几达基部，裂片二至数回二歧状深裂；末回裂片毛发状。捕虫囊少数，斜卵球形，口侧生，上唇具 2 条分枝的刚毛状附属物，下唇无附属物。花序直立，具 5~8 朵花，花梗丝状。花萼 2 裂达基部，裂片圆形。花冠淡紫色，喉突具黄斑，上唇近圆形，下唇较大；距圆锥状，稍弯曲。蒴果椭圆球形。

海南石梓 **苦梓**
二级

Gmelina hainanensis

科属：唇形科 石梓属

花期：5~6月

生境：山坡疏林中

乔木，高约 15 米。树干直，树皮灰褐色。叶对生，厚纸质，卵形或宽卵形，全缘，基生脉三出。聚伞花序排成顶生圆锥花序，花萼钟状；花冠漏斗状，黄色或淡紫红色，两面均有灰白色腺点，呈二唇形，下唇 3 裂，中裂片较长，上唇 2 裂；二强雄蕊，长雄蕊和花柱稍伸出花冠管外，花丝扁，疏生腺点。核果倒卵形，顶端截平，肉质，着生于宿存花萼内。

保亭花
Wenchengia alternifolia

科属：唇形科 保亭花属
生境：热带森林中　　　　　　　花期：9 月

　　矮小半灌木。茎圆，高 25~40 厘米。叶具长柄，倒披针形。花螺旋状排列，形成顶生总状花序；苞片条状披针形，与花梗等长；花萼漏斗状，5 浅齿，下唇 2 齿特宽大，上唇 3 齿小，并列，等大，长不及下唇 2 齿之半；花冠粉红色，斜筒状钟形，花冠筒内面中部具髯毛，上唇小，略外凸，下唇大，深 3 裂，中裂片大，近椭圆形。小坚果倒卵形。

494

草苁蓉 *
Boschniakia rossica

科属：列当科 草苁蓉属

花期：5~7 月

生境：山坡、林下、寄桤木属根部

　　一年生寄生植物。茎直立，肉质，紫褐色。叶鳞片状，通常密集于茎基部，三角形或卵状三角形。穗状花序，长 7~14 厘米；花多数，暗紫色；花萼杯状，有不整齐的 5 齿裂；花冠唇形，筒的基部膨大成囊状，上唇直立，头盔状，近全缘，下唇 3 裂；雄蕊 2 强，伸出花冠外；花柱略显，柱头 2 浅裂。蒴果近球形，二瓣开裂；种子小，多数。

肉苁蓉 *
Cistanche deserticola

科属：列当科 肉苁蓉属

生境：梭梭荒漠沙丘；寄主为梭梭　　花期：5~6 月

　　多年生草本，高达 1.6 米。茎下部叶宽卵形，长 0.5~1.5 厘米，宽 1~2 厘米；上部叶较稀疏，披针形。穗状花序长 15~50 厘米。花萼钟状，5 浅裂；花冠筒状钟形，长 3~4 厘米，裂片 5，近半圆形；花冠淡黄色，裂片淡黄、淡紫或边缘淡紫色；花丝基部被皱曲长柔毛；花药基部具骤尖头，被皱曲长柔毛；花柱顶端内折。蒴果卵球形，顶端具宿存花柱。

管花肉苁蓉 *
Cistanche mongolica

科属：列当科 肉苁蓉属

花期：5~6月　　生境：沙地

　　寄生植物。叶鳞片状，卵状长圆形，顶端渐尖。穗状花序顶生，长 25~30 厘米，顶端圆，具多数花；苞片卵形；花近无梗，花萼钟状，近 5 深裂，裂片长圆形或卵圆形，顶端钝，边缘多少膜质；花冠宽筒状钟形，长 3.5~4.5 厘米，玫瑰红带白色，顶端 5 裂，裂片几等大，卵状圆形，近全缘。雄蕊 4 枚，花药椭圆形；柱头近头状，有瘤状突起。

崖白菜 呆白菜
Triaenophora rupestris

科属：列当科 崖白菜属

生境：悬岩上

花期：7~9 月

　　植体密被白色绵毛。茎简单或基部分枝。基生叶较厚，多少革质，叶片卵状矩圆形，长椭圆形，边缘具粗锯齿，顶部钝圆，基部近于圆形或宽楔形。花具梗；小苞片着生于花梗中部；花冠紫红色，狭筒状，伸直或稍弯曲；上唇裂片宽卵形，下唇裂片矩圆状卵形，花丝无毛，着生处被长柔毛；子房卵形，无毛。蒴果矩圆形。种子小，矩圆形。

扣树

Ilex kaushue

科属：冬青科 冬青属

花期：5~6月　　生境：密林中

常绿乔木，高 8 米。叶长圆形，长 10~18 厘米，先端尖或短渐尖，基部楔形，具重锯齿或粗锯齿。雄花序为聚伞状圆锥花序，生于当年生枝叶腋；单个聚伞花序具 3~4 花；花 4 基数；花萼裂片宽卵状三角形；花瓣卵状长圆形，长 3.5 毫米。果序假总状，长 4~6 毫米；果球形，径 0.9~1.2 厘米，熟时红色，宿存柱头脐状。

刺萼参 *

Echinocodon draco

科属：桔梗科 刺萼参属

生境：山坡草地

花期：7~9月

　　主根粗壮。基生叶丛生，叶片窄披针形，先端钝，基部渐窄成鞘状抱茎，边缘具刺状硬纤毛，叶两面光滑无毛。花莛从基部叶鞘中生出。花序由 10~20 朵组成疏松的顶生假头状花序，总苞片 4~6 对，坚硬，长卵形，边缘具黄色刺状硬纤毛；副萼和花萼筒状，边缘具纤毛并有数条小芒刺；花冠漏斗形，粉红色或紫红色；花冠管弯曲，5 裂。瘦果微呈圆柱状四棱形。

白菊木

Leucomeris decora

科属：菊科 白菊木属

花期：3~4 月

生境：山地林中

落叶小乔木，高 2~5 米。枝有条纹，幼时白色，被绒毛。叶片纸质，椭圆形或长圆状披针形。头状花序，通常 8~12 个或更多聚成复头状花序；总苞倒锥形，总苞片 6~7 层，外层卵形，被绵毛。花先叶开放，白色，全部两性；花冠管状，檐部稍扩大，5 深裂，裂片近等长，卷曲。瘦果圆柱形，基部略狭，具纵棱，密被倒状的绢毛。冠毛淡红色，不等长。

巴朗山雪莲
Saussurea balangshanensis

科属：菊科 风毛菊属

生境：高山流石滩上

花期：8~10月

多年生草本植物，丛生。茎基 2~5 分枝。茎直立。莲座叶和下部茎叶具叶柄；叶片线形到线状披针形，绿色，两面具柄腺毛；叶缘和中脉具有节的毛。最上面的茎叶无梗，半包围头状花序，具白色毛，背面黄绿色或紫红色，正面黄绿色。头状花序 8~20，总苞圆柱形到倒圆锥形，总苞片 2~3 列，花冠紫色。瘦果棕色，倒圆锥形，带肋，无毛。冠毛浅褐色。

雪兔子 二级
Saussurea gossipiphora

科属：菊科 风毛菊属
花期：7~9月
生境：高山流石滩、山坡岩缝中

多年生草本，上部被稠密的白色或黄褐色厚绵毛。茎直立。下部叶线状长圆形或长椭圆形，有长或短柄，上部茎叶渐小；最上部茎叶苞叶状，线状披针形，常向下反折，顶端长渐尖，两面密被白色或淡黄色的长绵毛。头状花序无小花梗。总苞宽圆柱状，总苞片 3~4 层，外面被绵毛。小花紫红色。瘦果黑色，冠毛淡褐色，2 层。

雪莲 雪莲花
Saussurea involucrata

科属：菊科 风毛菊属

生境：山谷、石缝、水边、草甸　　　花期：7~9 月

　　多年生草本。叶密集，基生叶和茎生叶无柄，叶椭圆形或卵状椭圆形，基部下延，有尖齿，两面无毛；最上部叶苞叶状，宽卵形，边缘有尖齿，淡黄色。头状花序在茎顶密集成球形总花序；总苞半球形，总苞片 3~4 层，边缘或全部紫褐色，外层长圆形，长 1.1 厘米，中层及内层披针形，长 1.5~1.8 厘米。小花紫色。瘦果长圆形；冠毛污白色，2 层。

绵头雪兔子
Saussurea laniceps

二级

科属：菊科 风毛菊属
生境：高山流石滩

花期：8~10月

　　多年生草本。茎高 14~36 厘米，上部被白色或淡褐色的稠密绵毛。叶极密集，倒披针形、狭匙形或长椭圆形，上面被蛛丝状绵毛，后脱毛，下面密被褐色绒毛。头状花序多数，无小花梗，在茎端密集成圆锥状穗状花序；苞叶线状披针形，两面密被白色绵毛。总苞宽钟状，总苞片 3~4 层，外层披针形或线状披针形。小花白色，檐部长为管部的 3 倍。瘦果圆柱状。

水母雪兔子
Saussurea medusa

科属：菊科 风毛菊属

生境：多砾石山坡或高山流石滩

花期：7~9 月

　　多年生草本。茎密被白色绵毛。叶密集，上部叶卵形或卵状披针形；最上部叶线形或线状披针形，边缘有细齿；叶两面灰绿色，被白色长绵毛。头状花序在茎端密集成半球形总花序，为被绵毛的苞片所包围或半包围；总苞窄圆柱状，总苞片 3 层，背面被白或褐色绵毛。小花蓝紫色。瘦果纺锤形，浅褐色；冠毛白色，2 层，外层糙毛状，内层羽毛状。

阿尔泰雪莲

二级

Saussurea orgaadayi

科属：菊科 风毛菊属
生境：高山砾石带

花期：7~8月

　　多年生或二年生草本，高 40~65 厘米。茎单生，密被叶片。莲座叶和下部茎叶具叶柄；叶片椭圆形到狭椭圆状卵形，两面绿色、粗糙，具腺毛，疏生柔毛，边缘具深波状牙齿到锯齿。头状花序 20~30 个，组成半球形的合生花序，无梗或具短花序梗。总苞钟状。总苞片 3~5 层，线状钻形，棕色具深色边缘，被绢毛及长柔毛，花冠紫色。瘦果麦秆色具黑色斑点。

革苞菊
Tugarinovia mongolica

科属：菊科 革苞菊属

生境：干旱草地

花期：5~6月

　　多年生低矮草本。茎有少数花茎。花茎不分枝，长 2~4 厘米。叶多数簇生，茎基呈莲座状，叶革质，长圆形，羽状深裂或浅裂，裂片有浅齿，齿端有长 2~4 毫米的硬刺。头状花序单生花茎顶端，下垂；总苞倒卵圆形，长约 1.5 厘米，总苞片 3~4 层，先端有刺。小花多数，花冠管状，褐黄色，5 裂。瘦果有细沟。

七子花
Heptacodium miconioides

科属：忍冬科 七子花属
花期：6~7月
生境：悬崖峭壁、山坡灌丛和林下

　　株高可达 7 米。茎干树皮灰白色，片状剥落。叶厚纸质，卵形或矩圆状卵形，长 8~15 厘米，宽 4~8.5 厘米，顶端长尾尖，基部钝圆或略呈心形。圆锥花序近塔形，长 8~15 厘米；花序分枝开展，小花序头状；花芳香；萼裂片长 2~2.5 毫米，密被刺刚毛；花冠长 1~1.5 厘米，外面密生倒向短柔毛。果实长 1~1.5 厘米，具 10 条棱。

丁香叶忍冬

Lonicera oblata

科属：忍冬科 忍冬属

生境：多石山坡上

花期：5 月

　　落叶灌木，高达 2 米。叶厚纸质，三角状宽卵形至菱状宽卵形，顶端短凸尖而钝头或钝形，基部宽楔形至截形，长与宽均 2.5~5.3 厘米。总花梗出自当年小枝的叶腋，长 7~10 毫米；苞片钻形，长达萼筒之半或不到；杯状小苞长为萼筒的 1/3~2/5，具腺缘毛；相邻两萼筒分离，无毛，萼檐杯状，齿不明显。果实红色，圆形，直径约 6 毫米。

甘松 **匙叶甘松**
Nardostachys jatamansi

二级

科属：忍冬科 甘松属

花期：6~8月　　生境：高山灌丛、草地、河漫滩

　　多年生草本。叶丛生，长匙形或线状倒披针形，主脉平行三出，无毛或微被毛，全缘；花茎旁出。花序为聚伞性头状，顶生；花序基部有4~6片披针形总苞，花萼5齿裂，果时常增大。花冠紫红色、钟形，基部略偏突，裂片5，宽卵形至长圆形，花冠筒外面多少被毛，里面有白毛；雄蕊4，子房下位，柱头头状。瘦果倒卵形。

人参属 * （所有种）

***Panax* spp.**

科属：五加科 人参属

生境：林中、山谷、山坡林下

多年生草本。有肉质根茎，地上茎单生；掌状复叶，轮生茎顶，小叶有齿；花两性或杂性异株，顶生且单生的伞形花序或 2 至数个花序集生花莛顶端；萼不明显的 5 齿裂；花瓣、雄蕊 5；子房下为，2~3 室；核果状浆果。中国产 9 种 1 变种，所有种均列入《国家重点保护野生植物名录》二级。

1. 疙瘩七 *Panax bipinnatifidus*

2. 狭叶竹节参 *Panax bipinnatifidus* var. *angustifolius*

3. 人参 *Panax ginseng*

4. 竹节参 *Panax japonicus*

5. 三七 *Panax notoginseng*

6. 假人参 *Panax pseudoginseng*

7. 屏边三七 *Panax stipuleanatus*

8. 越南三七 *Panax vietnamensis*

9. 峨眉三七 *Panax wangianum*

10. 姜状三七 *Panax zingiberensis*

人参属代表图

疙瘩七 *Panax bipinnatifidus*

狭叶竹节参
Panax bipinnatifidus var. *angustifolius*

人参属代表图

人参 Panax ginseng

三七 Panax notoginseng

假人参 Panax pseudoginseng

屏边三七 Panax stipuleanatus

姜状三七 Panax zingiberensis

山茴香 *
Carlesia sinensis

科属：伞形科 山茴香属
生境：山峰石缝中

花期：7~9 月

多年生草本，高 10~17 厘米。基生叶多数，矩圆形，三回羽状全裂，最终裂片条形，边缘内折。花莛多数，复伞形花序顶生；总苞片多数，条形，长约 1 厘米；伞幅 10~20 余，长 1.5~3 厘米；小总苞片多数，条形，长 3~5 毫米；花梗多数，长约 2 毫米；花白色；花瓣倒卵形，顶端 2 裂，基部收缩。双悬果矩圆状卵形，长 4~5 毫米。

明党参 *
Changium smyrnioides

科属：伞形科 明党参属

花期：4月

生境：山地灌丛中、石缝中或山坡

多年生草本，高 50~100 厘米。根二型：一种纺锤形或椭圆形，粗而短；一种圆柱状，细而长；茎具粉霜。基生叶近三回三出式羽状全裂，最终裂片宽卵形。复伞形花序；总花梗长 3~10 厘米；无总苞；伞幅 6~10；小总苞片数个，钻形，花梗 10~15；花白色，在侧生花序的都不孕。双悬果卵状矩圆形，光滑，具纵纹，果棱不明显。

川明参 *
Chuanminshen violaceum

科属：伞形科 川明参属
生境：山坡草丛或溪边灌丛中

花期：4~5 月

　　多年生草本，高达 1.5 米。茎多分枝。基生叶多数，叶三角状卵形，三出二至三回羽裂，小裂片卵形或长卵形，长 2~3 厘米，2~3 裂或齿裂。复伞形花序多分枝，径 3~10 厘米；伞辐 4~8，极不等长。萼齿窄长三角形；花瓣长椭圆形，紫、淡紫，小舌片细长内曲，花柱长，果时下弯，花柱基圆锥形。果长椭圆形。

阜康阿魏 *
Ferula fukanensis

科属：伞形科 阿魏属

花期：4~5月

生境：沙漠边缘地带或黏土冲沟边

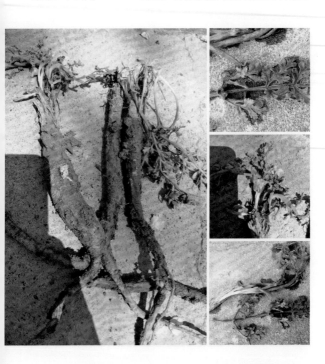

多年生一次结果的草本植物，全株有强烈的葱蒜臭味。茎粗壮，单一，多分枝。茎下部叶宽卵形，下面有短柔毛，三出二回羽状全裂，末回裂片长圆形，长 20 毫米，再深裂为具齿或浅裂的小裂片。复伞形花序顶生，伞辐 5~18；小总苞片脱落；花萼有齿；花瓣黄色，长圆状披针形，长 1.5~2 毫米，顶端渐尖。分生果平扁，有乳状突起，果棱急剧突起。

新疆阿魏 *
Ferula sinkiangensis

科属：伞形科 阿魏属
生境：荒漠中和带砾石的黏质土坡　　花期：4~5月

　　多年生一次结果的草本植物，高 0.5~1.5 米，全株有强烈的葱蒜样臭味。茎粗壮，多分枝，呈圆锥状。茎下部叶三角状宽椭圆形，三出三回羽状全裂，末回裂片宽椭圆形，上部具齿或浅裂。复伞形花序顶生，伞辐 5~25；花瓣黄色，椭圆形，长 2 毫米，顶端渐尖。分生果椭圆形，平扁，有疏毛，果棱突起。

北沙参 **珊瑚菜** *
Glehnia littoralis

二级

科属：伞形科 珊瑚菜属

花期：6~8月　　生境：海边沙滩

　　多年生草本，全株被白色柔毛。叶多数基生，厚质，有长柄，叶片轮廓呈圆卵形至长圆状卵形，三出式分裂至三出式二回羽状分裂。复伞形花序顶生，密生浓密的长柔毛，伞辐 8~16，不等长，无总苞片；小总苞数片，线状披针形，小伞形花序有花 15~20，花白色。果实近圆球形或倒广卵形，密被长柔毛及绒毛，果棱有木栓质翅；分生果的横剖面半圆形。

发菜
Nostoc flagelliforme

科属：念珠藻科 念珠藻属
生境：干旱或半干旱地区

　　藻体毛发状，棕色，干后呈棕黑色，往往许多藻体绕结成团，最大藻团直径达 0.5 米。藻体内的藻丝直或弯曲，许多藻丝几乎纵向平行排列在厚而有明显层理的胶质被内；单一藻丝的胶鞘薄而不明显，无色。细胞球形或略呈长球形，直径 4~5 微米，内含物呈蓝绿色。异形胞端生或间生，球形，直径为 5~6 微米。

冬虫夏草 **虫草**
Ophiocordyceps sinensis

科属：线虫草科 线虫草属
生境：高山草地灌木带的草坡上

　　子囊菌之子座出自寄主幼虫的头部，单生，细长如棒球棍状；不育柄部长 3~8 厘米，直径 1.5~4 毫米；上部为子座头部，稍膨大，呈圆柱形，长 1.5~4 厘米，褐色，除先端小部外，密生多数子囊壳；子囊壳大部陷入子座中，先端凸出于子座之外，卵形或椭圆形，每一子囊壳内有多数长条状线形的子囊；每一子囊内有 8 个具有隔膜的子囊孢子。

松口蘑 * 松茸
Tricholoma matsutake

科属：口蘑科 口蘑属
生境：林下

　　子实体散生或群生。菌盖扁半球形至近平展，污白色，表面具黄褐色至栗褐色细鳞片，边缘内卷，表面干燥，菌肉白色，肥厚。菌褶白色或稍带乳黄色，较密，弯生，不等长。菌柄较粗壮；菌环以下具栗褐色纤毛状鳞片，内实，基部稍膨大。菌环生于菌柄上部，丝膜状，上面白色，下面与菌柄同色。孢子印白色；孢子无色，光滑，椭圆形至近球形。

多纹泥炭藓 *
Sphagnum multifibrosum

二级

科属：泥炭藓科 泥炭藓属
生境：山地沼泽地及水湿的岩壁上

植物体粗壮，淡绿带黄色，高达 10 厘米以上，往往呈大面积丛生。茎及枝表皮细胞密被螺纹及水孔。茎叶扁平，长舌形（长为宽的 2 倍以上）；先端圆钝，顶端细胞往往销蚀成不规则锯齿状，叶缘具白边。枝叶阔卵状圆形，强烈内凹呈瓢状，先端圆钝，边内卷呈兜形。无色细胞呈不规则长菱形，密被螺纹；绿色细胞在枝叶横切面呈等腰三角形。

角叶藻苔
Takakia ceratophylla

二级

科属：藻苔科 藻苔属
生境：高山林地、灌丛下岩壁

植物体直立，纤细，一般高 1~2 厘米。叶不规则螺旋状着生茎上，一般（2~）3~4 指状深裂至叶基部；叶裂瓣圆柱形，细胞较小，胞壁明显加厚，中部横切面表皮细胞常超过 15 个，中间细胞常超过 10 个。孢蒴长梭形，成熟时一侧斜向不完全纵裂，呈明显扭曲状，具蒴柄。孢蒴内无弹丝。孢子四分体，表面具不规则的粗疣。染色体数目 n=5。

二级 藻苔
Takakia lepidozioides

科属：藻苔科 藻苔属
生境：灌丛林地

　　植物体茎叶分化，直立，纤弱，一般高 1~2 厘米。叶于茎上呈螺旋状排列，（2~）3~4 指状深裂；裂瓣细长圆柱形，由大形薄壁细胞构成，中部横截面表皮常有 6~10 个细胞，中间仅 1~2 个细胞。雌雄异株。孢蒴长梭形，成熟时一侧斜向不完全纵裂，明显扭曲，具蒴柄。孢子四分体，表面具弯曲的粗糙脊状纹；无弹丝。染色体数目 n=4。

二级 拟花蔺 *
Butomopsis latifolia

科属：泽泻科 拟花蔺属
生境：沼泽中

花期：5~9 月

　　一年生半水生或沼生草本，植株有乳汁。叶基生，直立，椭圆形或椭圆状披针形，先端锐尖，基部楔形。花葶直立，花 3~15 朵排成顶生伞形花序；苞片 3，佛焰苞状，膜质。花梗基部具 1 枚膜质小苞片；花被片 6，2 轮，外轮 3 枚，萼片状，宽椭圆形，先端圆或微凹，边缘干膜质，宿存，内轮花被片白色，花瓣状，早萎。蓇葖果，腹缝开裂。种子小，钩状弯曲。

高雄茨藻 *
Najas browniana

二级

科属：水鳖科 茨藻属

花期：8~11月　　生境：咸水中

一年生沉水草本。植株纤弱，茎圆柱形，分枝二叉状。叶3叶假轮生，于枝端较密集；叶线形，渐尖，有细锯齿，齿端有褐色刺尖；无柄，叶基成鞘，抱茎，叶耳短三角形，先端具数枚细齿，略撕裂状。花小，单性；多单生，或2~3枚聚生叶腋。雄花具一佛焰苞和1花被；雄蕊1。雌花窄长椭圆形，无佛焰苞和花被，雌蕊1，柱头2裂。瘦果窄长椭圆形。

天山百合 *
Lilium tianschanicum

二级

科属：百合科 百合属

花期：8月　　生境：黏土砾质草原

多年生草本。鳞茎白色，近球形，直径约3厘米；鳞片多数，肉质。茎直，高约25厘米，下部疏生小乳突。叶线形，长8~10厘米，宽2~5毫米，先端锐尖。花单生，下垂。花被片白色，长圆形披针形，长约4.5厘米，先端变厚，正面具小乳突；蜜腺两边有乳头状突起。雄蕊近等长花被片；花药黄。

独龙虾脊兰
Calanthe dulongensis

科属：兰科 虾脊兰属
生境：混交林下

花期：4月

地生草本。叶片 3 枚，椭圆形。花葶具 20~25 朵花；花黄绿色，花大，唇瓣 3 深裂，上面具 3 条金黄色球形附属物，距伸直，长近 6 毫米。

水仙花鸢尾 *
Iris narcissiflora

科属：鸢尾科 鸢尾属
生境：山坡草地、林中旷地、林缘

花期：4~5月

多年生草本。叶质地柔嫩，条形，顶端钝或骤尖，基部鞘状，抱茎，无明显的中脉。花茎纤细，不分枝，苞片 2 枚，膜质，披针形，顶端渐尖，向外反折，内包含有 1 朵花；花黄色；无花梗；花被管长 6~7 毫米，外花被裂片椭圆形或倒卵形，爪部楔形，中脉上有稀疏的须毛状附属物，内花被裂片狭卵形，花盛开时向外平展；雄蕊花药较花丝略短。

海南兰花蕉
Orchidantha insularis

二级

科属：兰花蕉科 兰花蕉属

花期：6月

生境：林下

多年生草本。叶 2 列，叶片长椭圆形，先端渐尖，具小尖头，基部急尖，近叶柄处稍下延，横脉方格状；叶柄扩大呈鞘状。花单生，自根茎生出；苞片紫色，长圆状披针形，花萼线状披针形，唇瓣和花萼的裂片相似，侧生的 2 枚花瓣褐黄色，顶部具紫色小斑点，先端有长 4 毫米的芒；雄蕊 5 枚，子房延长呈柄状，花柱线形。蒴果圆球形，先端有喙尖。

细莪术 *
Curcuma exigua

二级

科属：姜科 姜黄属

花期：8~10月

生境：林下

植物高 40~80 厘米。叶鞘浅绿色；叶片绿色带紫色，披针形，基部楔形，先端尾状。花序顶生，穗状，可育苞片卵形椭圆形；花萼先端 2 齿；花冠浅紫色，喉部具长柔毛；裂片黄色，椭圆形，约 1.5 厘米；唇瓣近圆形，先端黄色。蒴果近球形。

无柱黑三棱 * 北方黑三棱

Sparganium hyperboreum

科属：香蒲科 黑三棱属

生境：湖泊、沼泽、水泡子等水域 花期：7~8月

多年生水生草本。块茎较小；根状茎细长。茎细弱，浮于水中。叶片浮水，常随水位深浅而变化。花序总状，主轴劲直；雄性头状花序 1~2 个，较小；雌性头状花序 2~3 个；雄花花被片膜质，先端不整齐，向下渐窄，花药矩圆形，花丝较短；雌花花被片膜质，条形至倒三角形，先端齿裂，或较深，柱头近椭圆形，长约 1 毫米，花柱不明显或无，子房椭圆形。

内蒙披碱草 * 内蒙古鹅观草

Elymus intramongolicus

科属：禾本科 披碱草属

生境：林缘草地 花期：7月

秆疏丛生，直立，高 100~160 厘米。叶鞘无毛；叶舌顶端钝裂；叶片扁平，上面被柔毛，下面沿脉被微硬毛。穗状花序直立，绿色或略带紫色；小穗排列于穗轴之两侧，含 3~6 朵小花；颖条状披针形，先端渐尖或具短芒，背部密生微硬毛，具 5~7 脉；外稃披针形，具 5 脉，背部密被微柔毛，先端常具不相等的 2 齿，第一外稃有短芒；内稃短于外稃。

内蒙古大麦 二级
Hordeum innermongolicum

科属：禾本科 大麦属

花期：7~8 月

生境：山坡

多年生草本，疏松丛生。秆高 80~140 厘米，3~5 节，无毛。叶鞘无毛，叶舌膜质；叶片背面近无毛，正面短柔毛。穗状花序红棕色，侧生小穗有梗，通常不育，颖片刚毛状，外稃披针形，芒长 3~4 毫米；中心小穗无梗，通常具 2 朵小花，近端小花可育，上部一个不育；颖片披针形刚毛状，不明显 2 或 3 脉；外稃披针形，芒长 6~8 毫米。花药黄色。颖果。

紫荆叶羊蹄甲 二级
紫荆叶火索藤

Bauhinia cercidifolia

接受名：*Phanera cercidifolia*

科属：豆科 羊蹄甲属

花期：6 月

生境：喀斯特丘陵

藤本植物，有卷须。叶片宽卵形，长 8~10 厘米，革质，基部心形，两面无毛，主脉 7~9，先端全缘或微缺。花序圆锥花序；苞片钻形，约 2.5 毫米。花梗约 1.8 厘米。花芽近卵球形，直径约 2.5 毫米。花萼裂片 5，椭圆形，先端锐尖。花瓣近等长，近倒卵形，约 2.5 毫米 ×2 毫米，不具爪，两面短柔毛。可育雄蕊 2。退化雄蕊小。

野黄瓜 * 西双版纳黄瓜
Cucumis sativus var. *xishuangbannanensis*

科属：葫芦科 黄瓜属

生境：山谷、河边、林下

花期：6~8月

一年生攀缘草本，全体被白色糙硬毛和短刚毛。叶柄稍粗糙；叶片厚膜质，宽卵形或三角状卵形，常不规则地 3~5 浅裂边缘有小齿，裂片三角形，顶端急尖，基部心形，弯缺半圆形。卷须纤细，不分歧。雌雄同株。雄花：单生；花冠黄色，裂片卵状长圆形。雌花：单生。果实长圆形，外面粗糙，密生长达 2 毫米的具刺尖的瘤状突起。种子狭卵形，两面光滑。

西藏坡垒
Hopea shingkeng

科属：龙脑香科 坡垒属

生境：潮湿常绿林

花期：6~9月

常绿乔木，高 18 米。树皮光滑，棕色斑点。叶椭圆状长圆形至披针形，长 9~15 厘米，宽 2.5~5 厘米，基部宽楔形，先端尾状。圆锥花序，少花；萼片宽卵形；花瓣约 8 毫米 ×4 毫米，披针形；雄蕊 15；花药长圆形。果实卵球形，宿存萼片不等长，2 枚外裂片长 3 厘米，卵形，3 枚内裂片长 1.5 厘米，狭卵形。

腋球苎麻 **长圆苎麻** *
Boehmeria oblongifolia
接受名: ***Boehmeria glomerulifera***
科属: 荨麻科 苎麻属

花期: 9 月　　生境: 山谷中

　　小灌木, 高约 1 米; 小枝细。叶互生; 叶片草质, 干时变黑色, 长圆形, 顶端短渐尖, 基部钝, 边缘下部全缘, 其他部分有很小的牙齿, 上面无毛, 下面沿叶脉疏被短柔毛或变无毛, 基出脉 3 条, 侧脉 2 对。雌团伞花序单个腋生, 约有 10 花; 苞片狭三角形, 顶端锐尖。雌花: 花被椭圆形或倒卵形, 顶端具 2 小齿, 中部之上疏被短柔毛; 子房宽椭圆形, 无柄。

莽山野橘 **莽山野桔** *
Citrus mangshanensis
科属: 芸香科 柑橘属

花期: 5 月　　生境: 山区

　　小乔木或灌木状, 高 8~9 米。分枝弯曲, 小枝具刺。叶宽椭圆形或卵形, 长 4.2~5.3 厘米, 具细圆齿; 花瓣白色; 花柱粗短。柑果近梨形或扁球形, 径 6~7.5 厘米, 果顶部具短硬尖, 富含果胶, 汁胞球形或卵形, 含油腺点, 味极酸微苦。

金豆 * 金柑

Fortunella venosa

接受名：***Citrus japonica***

科属：芸香科 金橘属

生境：常绿阔叶林中

花期：4~5 月

　　高通常不超过 1 米的灌木。单叶，叶片椭圆形，稀倒卵状椭圆形，通常长 2~4 厘米，宽 1~1.5 厘米，顶端圆或钝，基部短尖，全缘，中脉在叶面稍隆起。单花腋生，常位于叶柄与刺之间；花萼杯状，裂片三角形，4~5 裂，淡绿色；花瓣白色，长 3~5 毫米，卵形，顶端尖，扩展。果圆或椭圆形，果皮透熟时橙红色，果肉味酸，有种子 2~4 粒。

华参 *

Sinopanax formosanus

科属：五加科 华参属

生境：森林中、干燥地上

花期：9 月

　　灌木或小乔木，高可达 12 米。叶宽圆形，长约 20 厘米，宽约 23 厘米，基部楔形或心形，上部有 2~3 浅裂片，边缘有不整齐的粗锯齿，下面密生星状毛；托叶基部合生，先端尖。球形头状花序聚生成长约 15 厘米的顶生伞房状圆锥花序；花无梗；萼边缘有不甚明显的 5 齿；花瓣 5；雄蕊 5；子房下位，2 室；花柱 2，分离，直立。果球形，直径约 5 毫米。

麝香阿魏 *
Ferula moschata

二级

花期: 6月

科属: 伞形科 阿魏属
生境: 山区有灌木丛的砾石质坡上

多年生草本，高约1米。茎多分枝，成伞房状。基生叶有长柄，叶片轮廓为广椭圆状三角形，三出二回羽状全裂，末回裂片稀疏，长圆形或披针形，叶淡绿色；茎生叶向上简化，至上部只有披针形叶鞘。复伞形花序生于茎枝顶端，伞辐6~12，小伞形花序有花9~12；花瓣黄色，长椭圆形，长约1毫米。分生果椭圆形，背腹扁压，果棱丝状。

硇洲马尾藻 *
Sargassum naozhouense

二级

科属: 马尾藻科 马尾藻属
生境: 低潮带石沼中

植物体直立，纤细，一般高1~2厘米。叶不规则螺旋状着生茎上，一般（2~）3~4指状深裂至叶基部；叶裂瓣圆柱形，细胞较小，胞壁明显加厚，中部横切面表皮细胞常超过15个，中间细胞常超过10个。孢蓈长梭形，成熟时一侧斜向不完全纵裂，呈明显扭曲状，具蓈柄。孢蓈内无弹丝。孢子四分体，表面具不规则的粗疣。

黑叶马尾藻 *
Sargassum nigrifolioides

科属：马尾藻科 马尾藻属
生境：低潮带石沼中

固着器呈圆锥形或亚圆锥形；主干一至二回叉状分枝；主枝扁平，具有反曲藻叶，黑褐色；基部藻叶披针形，边缘全缘，上部藻叶长披针形或线形，边缘多数全缘，有时有少量浅齿或波状缺刻，没有毛窝；气囊椭圆形；雌雄异株，雌托宽匙形或倒卵形，边缘光滑，顶端具有波状齿，雄托长匙形，边缘光滑，顶端具有凹口。

鹿角菜 *
Silvetia siliquosa

科属：墨角藻科 鹿角菜属
生境：风浪较平静的中潮带石沼中

藻体黄褐色，软革质，干后变黑色，一般高 6~7 厘米，柄亚圆柱形，较短，其上二叉分枝 2~8 次，上部叉状分枝角度较狭而不等长，且上部分枝的节间比下部的长；下部二叉分枝较为规则，叉状分枝角度较宽。繁殖时，双叉分枝的顶端膨大，形成生殖托，为纺锤形，较普遍分枝粗，有特殊的柄。至秋季，生殖托变为近圆柱形或棍棒状。

珍珠麒麟菜 *

Eucheuma okamurai

科属：红翎菜科 麒麟菜属
生境：低潮带下的珊瑚礁上

藻体北面黄绿色至紫红色；腹面暗红色，匍匐，主枝圆柱形或略扁，二至三回叉状分枝，分枝亚圆柱形较粗短，彼此相互重叠，缠绕成团块状。枝体表面有乳头状或圆锥状突起，老枝上突起较低或不明显，腹面突起较少而有多数固着器，有时在较长小枝顶端亦生出圆盘状固着器，以便互相吸附，故本种外形变异较大。髓部厚，薄壁细胞大，胞间散布较多小细胞。

耳突卡帕藻 *

Kappaphycus cottonii

科属：红翎菜科 卡帕藻属
生境：低潮线下的碎珊瑚上

藻体重叠成团块状，匍匐生长，团块直径可达 20~25 厘米，藻体背腹明显，分枝不规则，扁圆至扁压，枝与枝有互相愈合的现象；藻体一面及边缘密密地覆盖着连生成耳状的乳突，另一面光滑，无突起；藻体颜色因生长的潮带、阶段而异，一般为紫红色或稍带黄色；肉质，干后变为硬软骨质，制成的腊叶标本不易附着于纸上。

蒙古口蘑 *
Leucocalocybe mongolica

科属：口蘑科 白丽蘑属
生境：草原上

子实体白色。菌盖宽 5~17 厘米，半球形至平展，白色，光滑，初期边缘内卷。菌肉白色，厚。菌褶白色，稠密，弯生，不等长。菌柄粗壮，白色，长 3.5~7 厘米，粗 1.5~4.6 厘米，内实，基部稍膨大。孢子印白色。孢子无色，光滑，椭圆形，6~9.5 微米 ×3.5~4 微米。

中华夏块菌 *
Tuber sinoaestivum

科属：块菌科 松露属
生境：纯针叶林下

子囊果地下生，近球形，黑色，表面具有大而明显的多角状瘤突。包被厚，分两层。产孢组织中实，幼时白色，成熟时黄褐色至茶褐色，有白色大理石花纹状菌脉，迷路状分布。子囊球形、椭圆形或梨形；内含 1~7 个子囊孢子。子囊孢子近球形；幼时无色光滑，成熟时橄榄黄色，表面具不规则网纹孢子横径具 1~3 个网眼，纵径具 2~4 个网眼。

中文名索引

A

阿尔泰贝母 140

阿尔泰雪莲 507

阿尔泰郁金香 147

阿拉善单刺蓬 437

阿拉善鹅观草 225

阿拉善披碱草 225

矮扁桃 324

矮重楼 137

矮牡丹 262

矮琼棕 215

矮石斛 172

矮小独蒜兰 198

安徽贝母 140

暗紫贝母 141

凹脉金花茶 451

凹叶红豆 305

B

八角莲 250

八角莲属 250

巴戟天 472

巴朗山杓兰 167

巴朗山雪莲 502

巴山重楼 136

巴山榧 56

坝王栎 347

霸王栎 347

白瓣独蒜兰 198

白边兜兰 187

白唇杓兰 166

白豆杉 53

白花重楼 137

白花兜兰 186

白花独蒜兰 198

白花芍药 266

白及 153

白菊木 501

白毛八角莲 250

白毛茶 453

白旗兜兰 187

白桫椤 18

百花山葡萄 286

百日青 32

百山祖冷杉 58

斑舌兰 161

斑叶杓兰 167

斑子麻黄 78

版纳石斛 172

半日花 420

瓣鳞花................................ 431

棒节石斛............................ 173

包氏兜兰............................ 187

苞藜.................................... 436

薄毛茸荚红豆.................... 306

薄叶金花茶........................ 451

宝岛杓兰............................ 167

宝华玉兰............................ 112

保东水韭................................ 8

保康牡丹............................ 262

保山独蒜兰........................ 199

保山兰................................ 159

保亭花................................ 494

保亭金线兰........................ 150

报春苣苔............................ 487

报春石斛............................ 174

杯鞘石斛............................ 173

北方黑三棱........................ 528

北京水毛茛........................ 256

北沙参................................ 519

贝母属................................ 140

笔筒树.................................. 18

碧玉兰................................ 160

篦齿苏铁.............................. 28

篦子三尖杉.......................... 52

边生观音座莲...................... 13

冰沼草................................ 134

秉滔石斛............................ 174

柄翅果................................ 406

波瓣兜兰............................ 187

波密杓兰............................ 167

波叶海菜花........................ 132

伯乐树................................ 429

博罗红豆............................ 305

C

彩云兜兰............................ 187

苍山石杉................................ 3

苍叶红豆............................ 306

漕涧重楼............................ 136

槽纹红豆............................ 306

草苁蓉................................ 495

草石斛................................ 172

叉孢苏铁.............................. 28

叉唇石斛............................ 175

叉叶苏铁.............................. 28

茶...................................... 453

茶果樟................................ 119

长白红景天........................ 273

长白石杉................................ 3

长白松.................................. 73

长瓣兜兰............................ 186

长瓣杓兰............................ 167

长鞭红景天........................ 275

长柄叉叶苏铁...................... 28

长柄石杉................................ 3

长柄双花木........................ 269

长果姜................................ 212

长喙厚朴 91
长喙毛茛泽泻 130
长茎兰 160
长颈独蒜兰 198
长距石斛 174
长裂片金线兰 150
长脐红豆 305
长蕊木兰 89
长苏石斛 172
长穗桑 341
长尾观音座莲 12
长腺贝母 141
长序榆 336
长药隔重楼 137
长叶榧 56
长叶兰 160
长叶马尾杉 6
长叶苏铁 28
长圆苎麻 531
长爪石斛 172
长柱重楼 136
长柱玄参 491
朝鲜崖柏 45
陈氏独蒜兰 198
陈氏苏铁 28
橙花破布木 478
秤锤树 457
秤锤树属 457
迟花郁金香 147

齿瓣石斛 173
赤水石杉 3
赤水蕈树 267
翅萼石斛 172
翅梗石斛 175
翅果油树 334
匙叶甘松 511
虫草 521
重唇石斛 173
重楼属 136
出水水菜花 132
川八角莲 250
川贝母 140
川滇红豆杉 54
川黄檗 401
川明参 516
川桑 340
川柿 447
川苔草 366
川苔草属 366
川西兰 160
川藻 367
川藻属 367
串珠石斛 173
垂花兰 159
垂蕾郁金香 147
春花独蒜兰 199
春兰 160
莼菜 79

刺萼参 500
刺秋海棠 357
粗糙马尾杉 7
粗齿梭罗 416
粗齿梭罗树 416
粗梗水蕨 22
粗茎贝母 140
粗茎红景天 282
粗叶泥炭藓 2
簇蕊金花茶 451
翠柏 35

D

大苞茶 453
大苞鞘石斛 175
大别山五针松 67
大厂茶 453
大根兰 160
大果木莲 98
大果青扦 66
大果青杆 66
大果五味子 82
大花独蒜兰 198
大花红景天 274
大花黄牡丹 262
大花杓兰 167
大花石斛 175
大花万代兰 204
大花香水月季 331

大黄花虾脊兰 155
大脚观音座莲 12
大金贝母 140
大理茶 456
大理重楼 136
大理独蒜兰 199
大理铠兰 157
大理罗汉松 32
大盘山榧 56
大围山兰 159
大围山杓兰 166
大围山梧桐 411
大雪兰 160
大叶茶 455
大叶风吹楠 86
大叶榉 337
大叶榉树 337
大叶木兰 92
大叶木莲 96
大叶杓兰 166
大籽猕猴桃 462
呆白菜 498
带叶兜兰 190
带状瓶尔小草 11
丹霞兰 170
丹霞兰属 170
丹霞梧桐 411
单瓣月季花 328
单花郁金香 147

单莛草石斛...................... 174

单性木兰.......................... 111

单叶红豆.......................... 306

单羽苏铁............................ 29

淡黄金花茶...................... 451

刀叶石斛.......................... 175

倒披针观音座莲.................. 13

道县野桔.......................... 397

道县野橘.......................... 397

道银川藻.......................... 367

稻属................................ 238

德保金花茶...................... 451

德保苏铁............................ 28

德宏茶............................. 453

德氏兜兰.......................... 186

地枫皮.............................. 81

滇重楼............................. 137

滇桂石斛.......................... 174

滇牡丹............................. 262

滇南风吹楠........................ 86

滇南黑桫椤........................ 18

滇南虎头兰...................... 161

滇南开唇兰...................... 150

滇南苏铁............................ 28

滇南新乌檀...................... 473

滇桐................................ 407

滇西独蒜兰...................... 199

滇越观音座莲.................... 12

滇越金线兰...................... 150

滇藏榄............................. 443

叠鞘石斛.......................... 173

丁香叶忍冬...................... 510

顶生金花茶...................... 451

东北红豆杉........................ 54

东北杓兰.......................... 167

东北石杉............................ 4

东贝母............................. 140

东方水韭............................ 8

东京龙脑香...................... 421

东京桐............................. 374

东兴金花茶...................... 451

冬虫夏草.......................... 521

冬凤兰............................. 159

冬麻豆............................. 309

冬麻豆属.......................... 309

董棕................................ 213

兜唇石斛.......................... 172

兜兰属............................. 186

豆瓣兰............................. 160

独花兰............................. 156

独龙重楼.......................... 136

独龙石斛.......................... 174

独龙虾脊兰...................... 526

独蒜兰............................. 198

独蒜兰属.......................... 198

独叶草............................. 255

独占春............................. 160

杜鹃红山茶...................... 450

杜鹃兰 158

杜鹃叶山茶 450

短棒石斛 172

短柄鹅观草 227

短柄披碱草 227

短唇金线兰 150

短萼黄连 258

短芒芨芨草 219

短绒野大豆 301

短叶黄杉 76

短叶罗汉松 32

短叶穗花杉 48

对开蕨 25

对叶杓兰 166

盾鳞狸藻 492

多变重楼 137

多变淡黄金花茶 451

多花兰 160

多胚苏铁 28

多歧苏铁 28

多蕊重楼 137

多纹泥炭藓 523

多羽叉叶苏铁 28

E

峨眉重楼 137

峨眉春蕙 160

峨眉含笑 104

峨眉黄连 258

峨眉金线兰 150

峨眉拟单性木兰 108

峨眉三七 512

峨眉石杉 3

鹅掌楸 94

额河杨 372

额敏贝母 140

萼翅藤 375

耳突卡帕藻 535

二回原始观音座莲 12

二叶独蒜兰 199

F

发菜 520

法斗观音座莲 13

反瓣石斛 173

反唇石斛 174

梵净山冷杉 61

梵净山石斛 173

芳香独蒜兰 199

防城茶 453

飞瀑草 366

菲律宾金毛狗 16

肥荚红豆 305

榅 56

榅树属 56

丰都车前 490

风吹楠 86

风吹楠属 86

凤山水车前...................... 132

伏贴石杉.......................... 3

浮叶慈姑...................... 131

浮叶慈菇...................... 131

辐花.......................... 474

辐花苣苔...................... 488

福建柏........................ 41

福建飞瀑草.................. 366

福建观音座莲.................. 12

福兰........................ 159

福氏马尾杉.................... 6

阜康阿魏.................... 517

富民枳...................... 402

富宁金花茶.................. 451

富宁藤...................... 476

G

甘草........................ 303

甘松........................ 511

甘肃贝母.................... 140

甘肃桃...................... 321

高寒水韭...................... 8

高金线兰.................... 150

高平重楼.................... 136

高山贝母.................... 140

高山杓兰.................... 166

高山石斛.................... 175

高雄茨藻.................... 525

疙瘩七...................... 512

革苞菊...................... 508

格木........................ 296

根茎兜兰.................... 186

珙桐........................ 438

贡山三尖杉.................. 51

贡山竹...................... 233

钩唇兜兰.................... 187

钩状石斛.................... 172

古林箐秋海棠................ 358

古龙山秋海棠................ 359

古山龙...................... 248

鼓槌石斛.................... 172

观音座莲.................... 12

观音座莲属.................. 12

管花肉苁蓉.................. 497

灌阳水车前.................. 132

光萼厚轴茶.................. 453

光核桃...................... 323

光叶红豆.................... 305

光叶蕨...................... 24

光叶苎麻.................... 342

广坝石斛.................... 174

广布郁金香.................. 147

广东重楼.................... 137

广东兜兰.................... 186

广东含笑.................... 102

广东马尾杉.................... 6

广东蔷薇.................... 329

广东石斛.................... 173

广豆根 311
广西白梫椤 18
广西茶 453
广西火桐 410
广西青梅 427
瑰丽兜兰 186
贵州八角莲 250
贵州重楼 136
贵州金花茶 451
贵州山核桃 350
贵州水车前 132
贵州苏铁 28
桧叶白发藓 1
果香兰 161

H

海菜花 132
海菜花属 132
海金沙叶观音座莲 13
海南白梫椤 18
海南重楼 136
海南粗榧 50
海南大风子 371
海南豆蔻 209
海南椴 408
海南风吹楠 86
海南观音座莲 12
海南鹤顶兰 192
海南红豆 306

海南黄檀 293
海南假韶子 395
海南开唇兰 150
海南兰花蕉 527
海南龙血树 206
海南罗汉松 32
海南秋海棠 360
海南石斛 173
海南石梓 493
海南梧桐 411
海南油杉 64
海南紫荆木 444
海人树 312
寒兰 160
貉藻 434
合果木 110
合柱金莲木 365
河口观音座莲 12
河口红豆 305
河口石斛 173
河口穗花杉 48
河口原始观音座莲 12
河南石斛 173
荷叶铁线蕨 21
褐花杓兰 166
黑唇兰 159
黑峰秋海棠 357
黑果枸杞 479
黑黄檀 292

黑毛石斛.....................175
黑桫椤.......................18
黑叶马尾藻.................534
黑籽重楼...................137
黑紫披碱草.................226
亨利兜兰...................187
恒春红豆...................305
恒春银线兰.................150
红椿.......................404
红豆杉......................54
红豆杉属....................54
红豆属.....................305
红豆树.....................305
红桧........................37
红河橙.....................398
红花兜兰...................186
红花绿绒蒿.................246
红花石斛...................173
红茎石杉.....................4
红景天.....................278
红榄李.....................376
红旗兜兰...................186
红松........................69
厚荚红豆...................305
厚朴........................90
厚叶木莲....................99
厚轴茶.....................453
胡黄连.....................489
蝴蝶树.....................412

虎斑兜兰...................187
虎头兰.....................160
虎颜花.....................382
花榈木.....................305
花叶重楼...................136
华重楼.....................137
华顶杜鹃...................465
华东黄杉....................76
华盖木.....................107
华南飞瀑草.................366
华南栲.....................343
华南马尾杉...................6
华南五针松..................70
华南锥.....................343
华参.......................532
华石斛.....................175
华西贝母...................140
华西蝴蝶兰.................196
华西杓兰...................166
华西石杉.....................3
华山新麦草.................239
怀化秤锤树.................457
环江黄连...................258
焕镛木.....................111
焕镛水蕨....................22
黄波椤.....................400
黄檗.......................400
黄蝉兰.....................160
黄花贝母...................141

黄花独蒜兰.....................198

黄花杓兰.........................166

黄花石斛.........................173

黄连.................................258

黄连属.............................258

黄梅秤锤树.....................457

黄山梅.............................440

黄杉.................................76

黄杉属.............................76

黄石斛.............................172

黄枝油杉.........................64

灰干苏铁.........................28

灰岩红豆杉.....................54

灰岩金线兰.....................150

茴香砂仁.........................211

喙顶红豆.........................305

喙果金花茶.....................451

喙核桃.............................349

蕙兰.................................160

火焰兰.............................202

火焰兰属.........................202

霍山石斛.........................180

J

纪如竹.............................234

寄生花.............................373

夹江石斛.........................173

假人参.............................512

尖齿观音座莲.................12

尖刀唇石斛.....................173

尖叶金石斛.....................175

尖叶栎.............................348

尖叶原始观音座莲.........13

柬埔寨龙血树.................206

建兰.................................160

剑叶龙血树.....................207

剑叶石斛.........................175

箭叶大油芒.....................242

江城兰.............................160

江南油杉.........................64

江西杜鹃.........................467

姜状三七.........................512

降香.................................294

降香黄檀.........................294

蕉木.................................113

角叶藻苔.........................523

结脉黑桫椤.....................18

金柏.................................47

金豆.................................532

金耳环.............................84

金耳石斛.........................173

金发石杉.........................4

金柑.................................532

金花茶.............................451

金花猕猴桃.....................460

金华独蒜兰.....................198

金毛狗.............................16

金毛狗属.........................16

金钱松...............75

金荞...............433

金荞麦...............433

金丝李...............369

金丝条马尾杉...............6

金铁锁...............435

金线重楼...............136

金线兰...............150

金线兰属...............150

晶帽石斛...............173

井冈山丹霞兰...............170

井冈山杜鹃...............466

景东翅子树...............414

景洪石斛...............173

景华石斛...............173

靖西海菜花...............132

靖西十大功劳...............253

九龙山楤...............56

久治绿绒蒿...............245

矩唇石斛...............174

矩鳞油杉...............64

巨柏...............39

巨瓣兜兰...............186

具柄重楼...............136

具槽石斛...............175

聚石斛...............174

卷瓣重楼...............137

卷萼兜兰...............186

K

喀西黑桫椤...............18

卡氏独蒜兰...............198

康定石杉...............3

孔药楠...............129

扣树...............499

苦梓...............493

库页红景天...............279

宽口杓兰...............167

宽丝豆蔻...............210

宽叶重楼...............137

宽叶苏铁...............28

昆明石杉...............3

阔叶原始观音座莲...............13

L

拉觉石杉...............3

喇叭唇石斛...............174

兰属...............159

兰屿罗汉松...............32

兰屿桫椤...............18

澜沧黄杉...............76

榄绿红豆...............306

乐山秤锤树...............457

雷波石杉...............3

雷山石杉...............3

棱果秤锤树...............457

李恒重楼...............136

丽豆...............291

丽花兰.................159

丽江杓兰.................167

丽江山荆子.................315

丽蕾金线兰.................150

荔枝叶红豆.................306

连香树.................272

莲.................260

莲瓣兰.................161

莲叶桐.................116

凉山石杉.................4

两季兰.................159

亮花假鹰爪.................114

亮毛红豆.................306

亮叶重楼.................136

亮叶月季.................330

林生杧果.................383

林生郁金香.................147

林氏牡丹.................262

鳞叶马尾杉.................7

凌云重楼.................136

菱唇石斛.................174

菱荚红豆.................306

流苏石斛.................173

流苏香竹.................223

琉球石斛.................174

柳杉叶马尾杉.................6

六角莲.................250

龙骨马尾杉.................6

龙舌草.................132

龙眼.................388

龙州梧桐.................411

龙棕.................218

隆平水韭.................8

鹿角菜.................534

鹿角蕨.................27

禄劝花叶重楼.................136

路南海菜花.................132

吕宋石斛.................174

绿孢鹿角蕨.................27

绿春苏铁.................29

绿花百合.................144

绿花杓兰.................166

绿叶兜兰.................186

卵叶桂.................122

卵叶黄檀.................295

卵叶马尾杉.................6

卵叶牡丹.................264

轮叶贝母.................140

罗汉松.................32

罗汉松属.................32

罗河石斛.................174

罗氏蝴蝶兰.................194

罗氏石斛.................174

落叶兰.................159

落叶木莲.................97

M

麻栗坡长叶兰.................161

麻栗坡兜兰..................187
麻栗坡蝴蝶兰..............195
麻栗坡金线兰..............150
麻栗坡杓兰..................167
马褂木........................94
马关石斛....................174
马蹄香........................85
马尾杉..........................6
马尾杉属......................6
芒苞草......................135
茫荡山丹霞兰..............170
莽山野桔....................531
莽山野橘....................531
猫儿山独蒜兰..............199
毛瓣金花茶................451
毛瓣绿绒蒿................247
毛瓣杓兰....................166
毛柄木犀....................483
毛柄木樨....................483
毛重楼......................136
毛唇独蒜兰................198
毛萼广西茶................453
毛茛泽泻....................130
毛果木莲....................100
毛花金花茶................451
毛木犀......................484
毛木樨......................484
毛披碱草....................231
毛鞘石斛....................172

毛蕊郁金香................147
毛杓兰......................166
毛叶茶......................453
毛叶黑桫椤..................18
毛枝五针松..................74
毛紫薇......................379
玫瑰........................333
玫瑰石斛....................173
美花卷瓣兰................154
美花兰......................164
美花石斛....................174
美丽独蒜兰................198
美丽马尾杉....................6
蒙古扁桃....................322
蒙古口蘑....................536
勐海石斛....................175
勐腊石斛....................172
勐仑翅子树................415
米贝母......................140
密花石斛....................173
密花硬叶兰................160
密脉观音座莲................12
密叶红豆杉..................54
绵刺........................318
绵头雪兔子................505
庙台槭......................385
岷江柏木....................38
闽楠........................125
闽粤苏铁....................29

闽浙马尾杉................6

明党参................515

膜叶茶................453

墨兰................160

墨脱虎头兰................160

墨脱金线兰................150

墨脱石杉................4

木果楝................405

木荚红豆................306

木石斛................173

N

那坡红豆................306

奶桑................339

南重楼................137

南川木波罗................338

南川石杉................4

南丹金线兰................150

南方红豆杉................54

南岭石杉................4

南宁红豆................306

南洋桫椤................18

楠木................128

囊瓣亮花木................114

囊花关木通................83

囊花马兜铃................83

硇洲马尾藻................533

瑙蒙石斛................174

内蒙古大麦................529

内蒙古鹅观草................528

内蒙披碱草................528

内蒙郁金香................147

拟豆蔻................210

拟高粱................241

拟高粱................241

拟花蔺................524

聂拉木马尾杉................6

怒江蕙兰................161

暖地杓兰................169

P

攀西重楼................137

攀枝花苏铁................28

披针观音座莲................12

飘带兜兰................187

平贝母................141

平当树................413

平伐重楼................137

平果金花茶................451

平鳞黑桫椤................18

屏边红豆................306

屏边金线兰................150

屏边三七................512

坡垒................423

蒲桃叶红豆................305

普洱茶................455

普陀鹅耳枥................351

普陀樟................120

Q

七叶一枝花.............................137

七指蕨..................................10

七子花.................................509

奇瓣红春素.............................161

奇莱杓兰...............................167

棋子豆.................................290

启良重楼...............................137

槭叶铁线莲.............................257

千果榄仁...............................377

浅斑兜兰...............................187

强壮观音座莲............................13

荞麦叶大百合...........................139

巧花兜兰...............................186

巧家五针松..............................72

秦岭冷杉...............................60

秦岭石蝴蝶.............................486

青岛百合...............................146

青海固沙草.............................237

青海以礼草.............................236

青海仲彬草.............................236

青梅...................................428

琼越观音座莲............................12

琼棕...................................214

丘北冬蕙兰.............................160

秋花独蒜兰.............................198

秋墨兰.................................160

球花石斛...............................175

球药隔重楼.............................136

曲茎石斛...............................179

曲尾石杉................................3

曲轴石斛...............................173

R

人参...................................512

人参属.................................512

韧荚红豆...............................305

茸荚红豆...............................306

绒毛小叶红豆...........................306

绒毛皂荚...............................298

柔毛红豆...............................306

柔毛油杉...............................64

柔毛郁金香.............................147

柔软马尾杉..............................6

肉苁蓉.................................496

肉果秤锤树.............................457

乳头百合...............................145

乳突金线兰.............................150

软荚红豆...............................306

软枣猕猴桃.............................458

软紫草.................................477

润楠...................................123

S

赛里木湖郁金香.........................147

三刺草.................................221

三岛原始观音座莲........................13

三角叶黄连.............................258

三棱栎............346

三七............512

三蕊草............240

三亚苏铁............29

伞花木............390

沙冬青............289

沙芦草............220

砂贝母............140

山茶属茶组............453

山茶属金花茶组............451

山豆根............297

山茴香............514

山涧草............222

山橘............399

山铜材............268

山西杓兰............167

山楂海棠............314

杉形马尾杉............6

珊瑚菜............519

扇脉杓兰............167

上思马尾杉............7

芍药属牡丹组............262

构唇石斛............174

杓兰............166

杓兰属............166

韶子............394

少花石斛............174

蛇足石杉............4

麝香阿魏............533

深圳香荚兰............205

圣地红景天............280

施甸兰............160

石斛............174

石斛属............172

石碌含笑............103

石山苏铁............29

石杉属............3

石生黄堇............244

食用观音座莲............12

始兴石斛............175

手参............183

梳唇石斛............175

疏齿大厂茶............453

疏花石斛............173

疏花水柏枝............432

疏脉观音座莲............13

疏叶观音座莲............13

束花石斛............172

双槽石斛............172

双花石斛............173

双籽藤黄............370

水菜花............132

水禾............235

水韭属............8

水蕨............22

水蕨属............22

水母雪兔子............506

水青树............261

水曲柳..................481

水杉....................43

水石衣..................368

水松....................42

水仙花鸢尾..............526

水芫花..................380

水椰....................216

斯氏石杉..................4

四川独蒜兰..............198

四川榧..................56

四川罗汉松..............32

四川牡丹................262

四川杓兰................167

四川石杉..................4

四合木..................288

四季花金花茶............451

四裂红景天..............277

四数木..................354

四药门花................270

四叶重楼................137

四叶郁金香..............147

松口蘑..................522

松茸....................522

嵩明海菜花..............132

送春....................159

苏瓣石斛................173

苏铁....................28

苏铁蕨..................26

苏铁属..................28

素功观音座莲............13

蒜头果..................430

穗花杉..................48

穗花杉属................48

莎草兰..................160

莎禾....................224

莎叶兰..................159

桫椤....................18

桫椤科..................18

梭砂贝母................140

锁阳....................285

T

塔城郁金香..............147

台东苏铁................29

台湾独蒜兰..............198

台湾红豆................305

台湾黄杉................76

台湾罗汉松..............32

台湾马尾杉................7

台湾杉..................44

台湾杓兰................166

台湾水韭..................8

台湾水青冈..............345

台湾穗花杉..............48

台湾银线兰..............150

台湾油杉................64

台湾原始观音座莲........13

苔藓林石杉................4

太白贝母.................... 140

太白山紫斑牡丹.......... 262

太白杓兰.................... 167

太行花........................ 313

泰国金线兰................ 150

唐古红景天................ 281

桃儿七........................ 254

腾冲重楼.................... 137

藤枣............................ 249

天伦兜兰.................... 187

天麻............................ 182

天目贝母.................... 140

天目铁木.................... 353

天山百合.................... 525

天山梣........................ 482

天山郁金香................ 147

天台鹅耳枥................ 352

天星蕨........................ 15

天竺桂........................ 120

条叶猕猴桃................ 461

铁凌............................ 424

铁皮石斛.................... 174

铁竹............................ 232

同色兜兰.................... 186

秃房茶........................ 453

秃杉............................ 44

秃叶红豆.................... 306

突肋茶........................ 453

土沉香........................ 418

托星贝母.................... 141

驼峰藤........................ 475

椭圆叶马尾杉.............. 6

W

瓦布贝母.................... 141

王亮兜兰.................... 187

王氏观音座莲............ 13

网络马尾杉.................. 6

望谟崖摩.................... 403

望天树........................ 425

巍山兰........................ 161

尾叶杜鹃.................... 468

尾叶原始观音座莲.... 12

文采木........................ 114

文卉石斛.................... 174

文山兜兰.................... 187

文山鹤顶兰................ 193

文山红柱兰................ 165

文县重楼.................... 137

纹瓣兰........................ 159

乌拉尔甘草................ 303

乌蒙杓兰.................... 167

乌苏里狐尾藻............ 284

无斑兜兰.................... 187

无瓣黑籽重楼............ 137

无苞杓兰.................... 166

无芒披碱草................ 230

无翼坡垒.................... 424

554

无柱黑三棱.................. 528

梧桐属...................... 411

五裂黄连.................... 258

五色石斛.................... 175

五小叶枫.................... 386

五小叶槭.................... 386

五叶黄连.................... 258

五针白皮松.................. 72

五指莲重楼.................. 136

X

西畴重楼.................... 136

西畴青冈.................... 344

西畴石斛.................... 175

西康天女花.................. 106

西康玉兰.................... 106

西南手参.................... 184

西双版纳黄瓜................ 530

西藏八角莲.................. 250

西藏柏木.................... 40

西藏观音座莲................ 13

西藏红豆杉.................. 54

西藏虎头兰.................. 161

西藏坡垒.................... 530

西藏杓兰.................... 167

西藏石杉.................... 4

锡金海棠.................... 317

锡金石杉.................... 3

膝柄木...................... 364

喜马红景天.................. 276

喜马拉雅红景天.............. 276

喜马拉雅马尾杉.............. 6

细茋术...................... 527

细果秤锤树.................. 457

细果野菱.................... 381

细花兰...................... 160

细茎石斛.................... 174

细叶马尾杉.................. 7

细叶楠...................... 127

细叶石斛.................... 173

狭果秤锤树.................. 457

狭叶重楼.................... 137

狭叶坡垒.................... 422

狭叶竹节参.................. 512

夏蜡梅...................... 115

仙湖苏铁.................... 29

纤柄红豆.................... 306

显脉金花茶.................. 451

蚬木........................ 409

线叶石斛.................... 172

相马石杉.................... 4

香港秋海棠.................. 361

香格里拉兰.................. 161

香格里拉水韭................ 8

香果树...................... 471

香花指甲兰.................. 149

香木莲...................... 95

香子含笑.................... 101

香籽含笑.................... 101

湘妃水韭........................ 8

象鼻兰........................ 197

象牙白........................ 160

小八角莲.................... 250

小檗叶蔷薇.............. 327

小重楼........................ 137

小萼柿........................ 446

小勾儿茶.................. 335

小钩叶藤.................. 217

小果金花茶.............. 451

小果紫薇.................. 378

小花金花茶.............. 451

小花杓兰.................. 167

小花石斛.................. 174

小黄花石斛.............. 173

小蕙兰........................ 159

小杉兰............................ 4

小双花石斛.............. 175

小叶兜兰.................. 186

小叶独蒜兰.............. 198

小叶红豆.................. 308

小叶罗汉松................ 32

小叶十大功劳.......... 252

楔基观音座莲............ 12

斜翼........................... 363

新疆阿魏.................. 518

新疆贝母.................. 141

新疆鹅观草.............. 229

新疆披碱草.............. 229

新疆野苹果.............. 316

新疆野杏.................. 319

新疆樱桃李.............. 320

新疆郁金香.............. 147

新疆紫草.................. 477

馨香木兰.................... 93

馨香玉兰.................... 93

邢氏水蕨.................... 22

兴安杜鹃.................. 463

兴凯赤松.................... 68

兴仁金线兰.............. 150

杏黄兜兰.................. 186

秀丽百合.................. 143

秀丽兜兰.................. 187

绣球茜...................... 470

锈毛苏铁.................... 28

锈枝红豆.................. 305

薛氏兰...................... 160

雪白睡莲.................... 80

雪莲.......................... 504

雪莲花...................... 504

雪兔子...................... 503

血叶兰...................... 185

Y

崖白菜...................... 498

崖柏.......................... 46

雅加松........................ 71

556

雅砻江冬麻豆..............309

雅致杓兰..............166

亚太水蕨..............22

烟豆..............300

延安牡丹..............262

岩黄连..............244

岩生翠柏..............36

岩生独蒜兰..............199

岩生黑桫椤..............18

岩生红豆..............306

艳花独蒜兰..............198

燕石斛..............173

阳春秋海棠..............356

杨山牡丹..............262

漾濞枫..............387

漾濞槭..............387

瑶山苣苔..............485

药山重楼..............137

药用稻..............238

椰香兰..............159

野巴旦..............324

野扁桃..............324

野大豆..............299

野黄瓜..............530

野菱..............381

野生稻..............238

野生荔枝..............393

腋球苎麻..............342

腋球苎麻..............531

伊贝母..............140

伊犁郁金香..............147

伊藤氏原始观音座莲..............12

宜昌橙..............396

异瓣郁金香..............147

异叶郁金香..............147

阴生桫椤..............18

银粉蔷薇..............326

银缕梅..............271

银屏牡丹..............262

银杉..............63

银杏..............31

樱桃李..............320

鹦哥岭飞瀑草..............366

硬叶兜兰..............191

硬叶兰..............160

永瓣藤..............362

永嘉石斛..............175

永泰川藻..............367

油丹..............117

油楠..............310

油杉属..............64

油樟..............121

疣粒稻..............238

疣鞘独蒜兰..............199

有柄马尾杉..............6

榆中贝母..............141

羽叶点地梅..............448

玉龙杓兰..............166

郁金香属......147
裕民贝母......141
元宝山冷杉......62
原天麻......181
圆基原始观音座莲......13
圆裂牡丹......262
圆裂四川牡丹......262
圆叶杜鹃......469
圆叶天女花......105
圆叶玉兰......105
圆籽荷......449
缘毛红豆......305
越南参......512
越南槐......311
越南黄金柏......47
越南苏铁......28
云贵水韭......8
云开红豆......306
云龙重楼......137
云南八角莲......250
云南沉香......419
云南独蒜兰......199
云南多花兰......160
云南榧......56
云南枸杞......480
云南观音座莲......13
云南红豆......306
云南红景天......283
云南黄连......258
云南火焰兰......202
云南金钱槭......389
云南兰花蕉......208
云南蓝果树......439
云南马尾杉......7
云南拟单性木兰......109
云南肉豆蔻......88
云南杓兰......167
云南穗花杉......48
云南娑罗双......426
云南梧桐......411
云南藏榄......443

Z

藏南独蒜兰......198
藏南石斛......174
藏南穗花杉......48
藻苔......524
窄瓣兜兰......187
掌叶木......391
胀果甘草......302
胀荚红豆......306
爪耳木......392
浙贝母......140
浙江金线兰......150
浙江马鞍树......304
浙江楠......126
浙江蘡薁......287
针叶石斛......174

珍珠矮................................160

珍珠麒麟菜................................535

镇源石斛................................175

政和石斛................................175

政和杏................................325

直叶金发石杉................................4

中甸刺玫................................332

中华贝母................................140

中华火焰兰................................202

中华结缕草................................243

中华猕猴桃................................459

中华石杉................................3

中华水韭................................8

中华桫椤................................18

中华夏块菌................................536

中缅金毛狗................................16

中原牡丹................................262

中越金花茶................................451

钟萼木................................429

钟花兰................................159

肿节石斛................................174

舟山新木姜子................................124

皱边石杉................................3

皱皮油丹................................118

皱叶重楼................................137

朱红大杜鹃................................464

猪血木................................442

蛛网萼................................441

蛛网脉秋海棠................................355

竹节参................................512

竹枝石斛................................174

柱冠罗汉松................................32

准噶尔郁金香................................147

资源冷杉................................59

梓叶槭................................384

紫斑兜兰................................187

紫斑牡丹................................265

紫瓣石斛................................174

紫点杓兰................................166

紫椴................................417

紫萼兰................................160

紫花红豆................................306

紫荆木................................445

紫荆叶火索藤................................529

紫荆叶羊蹄甲................................529

紫芒披碱草................................228

紫毛兜兰................................187

紫婉石斛................................175

紫纹兜兰................................187

钻喙兰................................203

学名索引

A

Abies beshanzuensis........................ 58

Abies beshanzuensis

    var. *ziyuanensis*........................ 59

Abies chensiensis........................ 60

Abies fanjingshanensis 61

Abies yuanbaoshanensis.................. 62

Abies ziyuanensis 59

Acanthochlamys bracteata............. 135

Acer amplum

    subsp. *catalpifolium*................. 384

Acer miaotaiense........................ 385

Acer pentaphyllum 386

Acer yangbiense 387

Achnatherum breviaristatum........ 219

Actinidia arguta............................ 458

Actinidia chinensis........................ 459

Actinidia chrysantha 460

Actinidia fortunatii........................ 461

Actinidia macrosperma.................. 462

Adiantum nelumboides 21

Aerides odorata 149

Aglaia lawii................................ 403

Agropyron mongolicum.................. 220

Alcimandra cathcartii 89

Aldrovanda vesiculosa 434

Alseodaphne hainanensis 117

Alseodaphne rugosa........................ 118

Alsophila costularis........................ 18

Alsophila fenicis............................ 18

Alsophila latebrosa........................ 18

Alsophila loheri............................ 18

Alsophila spinulosa 18

Altingia multinervis........................ 267

Amentotaxus argotaenia.................. 48

Amentotaxus argotaenia

    var. *brevifolia* 48

Amentotaxus assamica.................... 48

Amentotaxus formosana................. 48

Amentotaxus hekouensis 48

Amentotaxus spp. 48

Amentotaxus yunnanensis............... 48

Ammopiptanthus mongolicus........ 289

Amomum hainanense 209

Amomum petaloideum 210

Angiopteris acutidentata 12

Angiopteris bipinnata..................... 12

Angiopteris caudatiformis............... 12

Angiopteris caudipinna................... 12

Angiopteris chingii 12

Angiopteris cochinchinensis............ 12

Angiopteris confertinervia 12

Angiopteris crassipes...................... 12

Angiopteris danaeoides 12

Angiopteris dianyuecola 12

Angiopteris esculenta..................... 12

Angiopteris evecta 12

Angiopteris fokiensis...................... 12

Angiopteris hainanensis 12

Angiopteris helferiana 12

Angiopteris hokouensis................... 12

Angiopteris itoi 12

Angiopteris latipinna...................... 13

Angiopteris lygodiifolia 13

Angiopteris neglecta.......................... 13

Angiopteris oblanceolata 13

Angiopteris paucinervis 13

Angiopteris remota.......................... 13

Angiopteris robusta.......................... 13

Angiopteris somae........................... 13

Angiopteris sparsisora..................... 13

Angiopteris spp................................. 12

Angiopteris subrotundata 13

Angiopteris sugongii 13

Angiopteris tamdaoensis.................. 13

Angiopteris tonkinensis.................... 13

Angiopteris wallichiana 13

Angiopteris wangii 13

Angiopteris yunnanensis.................. 13

Annamocarya sinensis..................... 349

Anoectochilus albolineatus............. 150

Anoectochilus baotingensis 150

Anoectochilus brevilabris 150

Anoectochilus burmannicus.......... 150

Anoectochilus calcareus 150

Anoectochilus chapaensis.............. 150

Anoectochilus elatus 150

Anoectochilus emeiensis................. 150

Anoectochilus formosanus 150

Anoectochilus hainanensis............. 150

Anoectochilus koshunensis............. 150

Anoectochilus longilobus............... 150

Anoectochilus lylei 150

Anoectochilus malipoensis 150

Anoectochilus medogensis............. 150

Anoectochilus nandanensis 150

Anoectochilus papillosus 150

Anoectochilus pingbianensis......... 150

Anoectochilus roxburghii 150

Anoectochilus spp. 150

Anoectochilus xingrenensis............ 150

Anoectochilus zhejiangensis.......... 150

Apterosperma oblata 449

Aquilaria sinensis............................ 418

Aquilaria yunnanensis.................... 419

Arcangelisia gusanlung 248

Archidendron robinsonii................. 290

Aristida triseta 221

Aristolochia utriformis..................... 83

Arnebia euchroma.......................... 477

Artocarpus nanchuanensis........... 338

Asarum insigne 84

Asplenium komarovii 25

B

Baolia bracteata 436

Batrachium pekinense 256

Bauhinia cercidifolia 529

Begonia arachnoidea 355

Begonia coptidifolia 356

Begonia ferox................................... 357

Begonia gulinqingensis.................. 358

Begonia gulongshanensis 359

Begonia hainanensis....................... 360

Begonia hongkongensis.................. 361

Berchemiella wilsonii...................... 335

Bhesa robusta.................................. 364

Bletilla striata 153

Boehmeria glomerulifera............... 342

Boehmeria glomerulifera............... 531

Boehmeria leiophylla 342

Boehmeria oblongifolia 531

Boschniakia rossica 495

Brainea insignis 26

Brasenia schreberi 79

Bretschneidera sinensis 429

Bulbophyllum rothschildianum..... 154

Burretiodendron esquirolii 406

Butomopsis latifolia 524

C

Calanthe dulongensis 526
Calanthe sieboldii 155
Calanthe striata var. *sieboldii* 155
Calocedrus macrolepis 35
Calocedrus rupestris 36
Calophaca sinica 291
Calycanthus chinensis 115
Camellia azalea 450
Camellia chrysanthoides 451
Camellia costata 453
Camellia crassicolumna 453
Camellia crassicolumna
    var. *multiplex* 453
Camellia debaoensis 451
Camellia euphlebia 451
Camellia fangchengensis 453
Camellia fascicularis 451
Camellia flavida 451
Camellia flavida var. *patens* 451
Camellia grandibracteata 453
Camellia gymnogyna 453
Camellia huana 451
Camellia impressinervis 451
Camellia indochinensis 451
Camellia indochinensis
    var. *tunghinensis* 451
Camellia kwangsiensis 453
Camellia kwangsiensis
    var. *kwangnanica* 453
Camellia leptophylla 453
Camellia micrantha 451
Camellia mingii 451
Camellia perpetua 451
Camellia petelotii 451

Camellia petelotii
    var. *microcarpa* 451
Camellia piloflora 451
Camellia pingguoensis 451
Camellia pingguoensis
    var. *terminalis* 451
Camellia ptilophylla 453
Camellia pubipetala 451
Camellia rostrata 451
Camellia sect. *Chrysantha* spp 451
Camellia sect. *Thea* spp. 453
Camellia sinensis 453
Camellia sinensis var. *assamica* 455
Camellia sinensis
    var. *dehungensis* 453
Camellia sinensis var. *pubilimba* ... 453
Camellia tachangensis 453
Camellia tachangensis
    var. *remotiserrata* 453
Camellia taliensis 456
Cardiocrinum cathayanum 139
Carlesia sinensis 514
Carpinus putoensis 351
Carpinus tientaiensis 352
Carya kweichowensis 350
Carya sinensis 349
Caryota obtusa 213
Castanopsis concinna 343
Cathaya argyrophylla 63
Cephalotaxus griffithii 51
Cephalotaxus hainanensis 50
Cephalotaxus lanceolata 51
Cephalotaxus oliveri 52
Ceratopteris chingii 22
Ceratopteris chunii 22
Ceratopteris gaudichaudii 22
Ceratopteris shingii 22

Ceratopteris spp.................................. 22

Ceratopteris thalictroides................. 22

Cercidiphyllum japonicum 272

Chamaecyparis formosensis 37

Changium smyrnioides 515

Changnienia amoena...................... 156

Chieniodendron hainanense.......... 113

Chikusichloa aquatica 222

Chimonocalamus fimbriatus.......... 223

Christensenia aesculifolia................. 15

Christensenia assamica..................... 15

Chuanminshen violaceum 516

Chunia bucklandioides 268

Chuniophoenix hainanensis.......... 214

Chuniophoenix humilis 215

Cibotium barometz 16

Cibotium cumingii............................. 16

Cibotium sino-burmaense................. 16

Cibotium spp..................................... 16

Cinnamomum chago...................... 119

Cinnamomum japonicum 120

Cinnamomum longepaniculatum.. 121

Cinnamomum rigidissimum 122

Cistanche deserticola 496

Cistanche mongolica...................... 497

Citrus cavaleriei 396

Citrus daoxianensis........................ 397

Citrus hongheensis......................... 398

Citrus japonica 399

Citrus japonica 532

Citrus mangshanensis.................... 531

Cladopus austrosinensis 366

Cladopus doianus........................... 366

Cladopus fukienensis..................... 366

Cladopus nymanii 366

Cladopus spp. 366

Cladopus yinggelingensis 366

Clematis acerifolia 257

Coleanthus subtilis......................... 224

Coptis chinensis.............................. 258

Coptis chinensis var. *brevisepala*... 258

Coptis deltoidea 258

Coptis huanjiangensis.................... 258

Coptis omeiensis............................. 258

Coptis quinquefolia........................ 258

Coptis quinquesecta 258

Coptis spp....................................... 258

Coptis teeta 258

Cordia subcordata.......................... 478

Cornulaca alaschanica 437

Corybas taliensis 157

Corydalis saxicola 244

Craigia yunnanensis 407

Cremastra appendiculata............... 158

Cucumis sativus

    var. *xishuangbannanensis*....... 530

Cupressus chengiana 38

Cupressus gigantea 39

Cupressus torulosa........................... 40

Curcuma exigua.............................. 527

Cyatheaceae spp. 18

Cycas balansae................................. 28

Cycas bifida 28

Cycas chenii...................................... 28

Cycas collina 28

Cycas debaoensis.............................. 28

Cycas diannanensis.......................... 28

Cycas dolichophylla 28

Cycas ferruginea 28

Cycas guizhouensis 28

Cycas hongheensis 28

Cycas longipetiolula......................... 28

Cycas multifrondis 28

Cycas multiovula.............................. 28

Cycas multipinnata 28

Cycas panzhihuaensis 28

Cycas pectinata 28

Cycas revoluta 28

Cycas segmentifida 28

Cycas sexseminifera 29

Cycas shanyagensis 29

Cycas simplicipinna 29

Cycas spp. 28

Cycas szechuanensis 29

Cycas taitungensis 29

Cycas taiwaniana 29

Cycas tanqingii 29

Cyclobalanopsis sichourensis 344

Cymbidium × *malipoense* 161

Cymbidium × *nujiangense* 161

Cymbidium × *shangrilaense* 161

Cymbidium aloifolium 159

Cymbidium atrolabium 159

Cymbidium atropurpureum 159

Cymbidium baoshanense 159

Cymbidium biflorens 159

Cymbidium brevifolium 159

Cymbidium cochleare 159

Cymbidium codonanthum 159

Cymbidium concinnum 159

Cymbidium cyperifolium 159

Cymbidium cyperifolium

var. *szechuanicum* 159

Cymbidium daweishanense 159

Cymbidium dayanum 159

Cymbidium defoliatum 159

Cymbidium devonianum 159

Cymbidium dianlan 160

Cymbidium eburneum 160

Cymbidium elegans 160

Cymbidium ensifolium 160

Cymbidium erythraeum 160

Cymbidium faberi 160

Cymbidium floribundum 160

Cymbidium goeringii 160

Cymbidium haematodes 160

Cymbidium hookerianum 160

Cymbidium insigne 164

Cymbidium iridioides 160

Cymbidium jiangchengense 160

Cymbidium kanran 160

Cymbidium lii 160

Cymbidium lowianum 160

Cymbidium macrorhizon 160

Cymbidium maguanense 160

Cymbidium mannii 160

Cymbidium mastersii 160

Cymbidium micranthum 160

Cymbidium motuoense 160

Cymbidium nanulum 160

Cymbidium omeiense 160

Cymbidium puerense 160

Cymbidium purpureisepalum 160

Cymbidium qiubeiense 160

Cymbidium schroederi 160

Cymbidium serratum 160

Cymbidium shidianense 160

Cymbidium sichuanicum 160

Cymbidium sinense 160

Cymbidium spp. 159

Cymbidium suavissimum 161

Cymbidium teretipetiolatum 161

Cymbidium tigrinum 161

Cymbidium tortisepalum 161

Cymbidium tracyanum 161

Cymbidium weishanense 161

Cymbidium wenshanense 165

Cymbidium wilsonii 161

Cynomorium songaricum 285

Cypripedium bardolphianum 166

Cypripedium calceolus 166

Cypripedium calcicola 166

Cypripedium cordigerum 166

Cypripedium daweishanense 166

Cypripedium debile 166

Cypripedium elegans 166

Cypripedium fargesii 166

Cypripedium farreri 166

Cypripedium fasciolatum 166

Cypripedium flavum 166

Cypripedium formosanum 166

Cypripedium forrestii 166

Cypripedium franchetii 166

Cypripedium guttatum 166

Cypripedium henryi 166

Cypripedium himalaicum 166

Cypripedium japonicum 167

Cypripedium lentiginosum 167

Cypripedium lichiangense 167

Cypripedium ludlowii 167

Cypripedium macranthos 167

Cypripedium malipoense 167

Cypripedium margaritaceum 167

Cypripedium micranthum 167

Cypripedium palangshanense 167

Cypripedium segawae 167

Cypripedium shanxiense 167

Cypripedium sichuanense 167

Cypripedium spp. 166

Cypripedium subtropicum 169

Cypripedium taibaiense 167

Cypripedium taiwanalpinum 167

Cypripedium tibeticum 167

Cypripedium wardii 167

Cypripedium wumengense 167

Cypripedium xventricosum 167

Cypripedium yunnanense 167

Cystopteris chinensis 24

D

Dalbergia cultrata 292

Dalbergia hainanensis 293

Dalbergia odorifera 294

Dalbergia ovata 295

Dalzellia spp. 367

Danxiaorchis mangdangshanensis ... 170

Danxiaorchis singchiana 170

Danxiaorchis spp 170

Danxiaorchis yangii 170

Davidia involucrata 438

Dayaoshania cotinifolia 485

Dendrobium aduncum 172

Dendrobium aphyllum 172

Dendrobium bannaense 172

Dendrobium bellatulum 172

Dendrobium bicameratum 172

Dendrobium brymerianum 172

Dendrobium capillipes 172

Dendrobium cariniferum 172

Dendrobium catenatum 172

Dendrobium chameleon 172

Dendrobium christyanum 172

Dendrobium chrysanthum 172

Dendrobium chryseum 172

Dendrobium chrysocrepis 172

Dendrobium chrysotoxum 172

Dendrobium compactum 172

Dendrobium crepidatum 173

Dendrobium crumenatum 173

Dendrobium crystallinum 173

Dendrobium denneanum 173

Dendrobium densiflorum 173

Dendrobium devonianum 173

Dendrobium dixanthum 173

Dendrobium ellipsophyllum 173

Dendrobium equitans 173

Dendrobium exile 173

Dendrobium falconeri 173

Dendrobium fanjingshanense 173

Dendrobium fimbriatum 173

Dendrobium findlayanum 173

Dendrobium flexicaule 179

Dendrobium furcatopedicellatum ... 173

Dendrobium gibsonii 173

Dendrobium goldschmidtianum 173

Dendrobium gratiosissimum 173

Dendrobium hainanense 173

Dendrobium hancockii 173

Dendrobium harveyanum 173

Dendrobium hekouense 173

Dendrobium henanense 173

Dendrobium henryi 173

Dendrobium hercoglossum 173

Dendrobium heterocarpum 173

Dendrobium hookerianum 173

Dendrobium huoshanense 180

Dendrobium jenkinsii 173

Dendrobium jiajiangense 173

Dendrobium jinghuanum 173

Dendrobium kwangtungense 173

Dendrobium lagarum 174

Dendrobium leptocladum 174

Dendrobium libingtaoi 174

Dendrobium linawianum 174

Dendrobium lindleyi 174

Dendrobium lituiflorum 174

Dendrobium loddigesii 174

Dendrobium lohohense 174

Dendrobium longicornu 174

Dendrobium luoi 174

Dendrobium luoi var. *wenhuii* 174

Dendrobium luzonense 174

Dendrobium maguanense 174

Dendrobium moniliforme 174

Dendrobium moniliforme

subsp. *okinawense* 174

Dendrobium monticola 174

Dendrobium moschatum 174

Dendrobium naungmungense 174

Dendrobium nobile 174

Dendrobium officinale 174

Dendrobium parciflorum 174

Dendrobium parcum 174

Dendrobium parishii 174

Dendrobium pendulum 174

Dendrobium polyanthum 174

Dendrobium porphyrochilum 174

Dendrobium praecinctum 174

Dendrobium pseudotenellum 174

Dendrobium ruckeri 174

Dendrobium salaccense 174

Dendrobium scoriarum 174

Dendrobium shixingense 175

Dendrobium sinense 175

Dendrobium sinominutiflorum 175

Dendrobium somae 175

Dendrobium spatella 175

Dendrobium spp. 172

Dendrobium strongylanthum 175

Dendrobium stuposum 175

Dendrobium sulcatum 175

Dendrobium terminale 175

Dendrobium thyrsiflorum 175

Dendrobium transparens 175

Dendrobium trigonopus 175

Dendrobium wangliangii 175

Dendrobium wardianum.................. 175

Dendrobium wattii........................ 175

Dendrobium williamsonii 175

Dendrobium wilsonii...................... 175

Dendrobium xantholeucum........... 175

Dendrobium xichouense................ 175

Dendrobium yongjiaense 175

Dendrobium zhenghuoense 175

Dendrobium zhenyuanense 175

Deutzianthus tonkinensis............... 374

Dimocarpus longan...................... 388

Diospyros minutisepala................. 446

Diospyros sutchuensis................... 447

Diplodiscus trichospermus............. 408

Diploknema yunnanensis 443

Dipterocarpus retusus................... 421

Dipteronia dyeriana 389

Disanthus cercidifolius

    subsp. *longipes* 269

Dracaena cambodiana 206

Dracaena cochinchinensis............. 207

Dunnia sinensis............................ 470

Dysosma aurantiocaulis................ 250

Dysosma delavayi......................... 250

Dysosma difformis........................ 250

Dysosma majoensis 250

Dysosma pleiantha........................ 250

Dysosma spp.................................. 250

Dysosma tsayuensis....................... 250

Dysosma versipellis 250

Dysosma villosa............................ 250

E

Echinocodon draco 500

Elaeagnus mollis........................... 334

Eleutharrhena macrocarpa 249

Elymus alashanicus 225

Elymus atratus.............................. 226

Elymus brevipes............................ 227

Elymus intramongolicus................ 528

Elymus purpuraristatus 228

Elymus sinkiangensis..................... 229

Elymus sinosubmuticus 230

Elymus villifer 231

Emmenopterys henryi.................... 471

Ephedra rhytidosperma.................. 78

Erythrophleum fordii 296

Erythropsis kwangsiensis.............. 410

Etlingera yunnanensis 211

Eucheuma okamurai...................... 535

Euchresta japonica 297

Eurycorymbus cavaleriei 390

Euryodendron excelsum 442

Excentrodendron tonkinense......... 409

F

Fagopyrum dibotrys 433

Fagus hayatae 345

Ferrocalamus strictus 232

Ferula fukanensis 517

Ferula moschata 533

Ferula sinkiangensis..................... 518

Firmiana calcarea......................... 411

Firmiana danxiaensis 411

Firmiana daweishanensis.............. 411

Firmiana hainanensis.................... 411

Firmiana kwangsiensis.................. 410

Firmiana major............................. 411

Firmiana spp................................. 411

Fokienia hodginsii 41

Formanodendron doichangensis... 346

Fortunella hindsii 399

Fortunella venosa 532

Frankenia pulverulenta................. 431

Fraxinus mandschurica 481

Fraxinus mandshurica 481

Fraxinus sogdiana 482

Fritillaria anhuiensis 140

Fritillaria cirrhosa 140

Fritillaria crassicaulis 140

Fritillaria dajinensis 140

Fritillaria davidii 140

Fritillaria delavayi 140

Fritillaria fusca 140

Fritillaria karelinii 140

Fritillaria maximowiczii 140

Fritillaria meleagris 140

Fritillaria meleagroides 140

Fritillaria monantha 140

Fritillaria pallidiflora 140

Fritillaria przewalskii 140

Fritillaria sichuanica 140

Fritillaria sinica 140

Fritillaria spp 140

Fritillaria taipaiensis 140

Fritillaria thunbergii 140

Fritillaria thunbergii

    var. *chekiangensis* 140

Fritillaria tortifolia 141

Fritillaria unibracteata 141

Fritillaria unibracteata

    var. *longinectarea* 141

Fritillaria unibracteata

    var. *wabuensis* 141

Fritillaria usuriensis 141

Fritillaria verticillata 141

Fritillaria walujewii 141

Fritillaria yuminensis 141

Fritillaria yuzhongensis 141

G

Gaoligongshania megalothyrsa 233

Garcinia paucinervis 369

Garcinia tetralata 370

Gastrodia angusta 181

Gastrodia elata 182

Getonia floribunda 375

Geum rupestre 313

Ginkgo biloba 31

Gleditsia japonica var. *velutina* 298

Glehnia littoralis 519

Glycine soja 299

Glycine tabacina 300

Glycine tomentella 301

Glycyrrhiza inflata 302

Glycyrrhiza uralensis 303

Glyptostrobus pensilis 42

Gmelina hainanensis 493

Gymnadenia conopsea 183

Gymnadenia orchidis 184

Gymnosphaera andersonii 18

Gymnosphaera austroyunnanensis ... 18

Gymnosphaera bonii 18

Gymnosphaera henryi 18

Gymnosphaera khasyana 18

Gymnosphaera podophylla 18

Gymnosphaera saxicola 18

H

Handeliodendron bodinieri 391

Helianthemum songaricum 420

Helminthostachys zeylanica 10

Heptacodium miconioides 509

Heritiera parvifolia 412

Hernandia nymphaeifolia 116

Hopea chinensis 422

Hopea hainanensis 423

Hopea reticulata 424

Hopea shingkeng 530

Hordeum innermongolicum 529

Horsfieldia amygdalina 86

Horsfieldia hainanensis 86

Horsfieldia kingii 86

Horsfieldia spp 86

Horsfieldia tetratepala 86

Houpoea officinalis 90

Houpoëa officinalis 90

Houpoea rostrata 91

Houpoëa rostrata 91

Hsuehochloa calcarea 234

Huperzia appressa 3

Huperzia asiatica 3

Huperzia bucahwangensis 3

Huperzia chinensis 3

Huperzia chishuiensis 3

Huperzia crispata 3

Huperzia delavayi 3

Huperzia dixitiana 3

Huperzia emeiensis 3

Huperzia herteriana 3

Huperzia javanica 3

Huperzia kangdingensis 3

Huperzia kunmingensis 3

Huperzia laipoensis 3

Huperzia lajouensis 3

Huperzia leishanensis 3

Huperzia liangshanica 4

Huperzia medogensis 4

Huperzia miyoshiana 4

Huperzia muscicola 4

Huperzia nanchuanensis 4

Huperzia nanlingensis 4

Huperzia quasipolytrichoides 4

Huperzia quasipolytrichoides
     var. rectifolia 4

Huperzia rubicaulis 4

Huperzia selago 4

Huperzia serrata 4

Huperzia shresthae 4

Huperzia somae 4

Huperzia spp 3

Huperzia sutchueniana 4

Huperzia tibetica 4

Hydnocarpus hainanensis 371

Hydrobryum griffithii 368

Hygroryza aristata 235

I

Ilex kaushue 499

Illicium difengpi 81

Iris narcissiflora 526

Isoetes baodongii 8

Isoetes hypsophila 8

Isoetes longpingii 8

Isoetes orientalis 8

Isoetes shangrilaensis 8

Isoetes sinensis 8

Isoetes spp 8

Isoëtes spp 8

Isoetes taiwanensis 8

Isoetes xiangfei 8

Isoetes yunguiensis 8

Isotrema utriforme 83

K

Kappaphycus cottonii 535

Kengyilia kokonorica 236

Keteleeria davidiana var. calcarea ... 64

Keteleeria davidiana var. formosana ... 64

Keteleeria fortunei var. cyclolepis ... 64

Keteleeria fortunei var. *oblonga* 64

Keteleeria hainanensis 64

Keteleeria pubescens 64

Keteleeria spp. 64

Kingdonia uniflora 255

Kirengeshoma palmata 440

L

Lagerstroemia minuticarpa 378

Lagerstroemia villosa 379

Lepisanthes unilocularis 392

Leucobryum juniperoideum 1

Leucocalocybe mongolica 536

Leucomeris decora 501

Lilium amabile 143

Lilium fargesii 144

Lilium papilliferum 145

Lilium tianschanicum 525

Lilium tsingtauense 146

Lirianthe henryi 92

Lirianthe odoratissima 93

Liriodendron chinense 94

Litchi chinensis var. *euspontanea*... 393

Lomatogoniopsis alpina 474

Lonicera oblata 510

Loropetalum subcordatum 270

Ludisia discolor 185

Lumnitzera littorea 376

Lycium ruthenicum 479

Lycium yunnanense 480

M

Maackia chekiangensis 304

Machilus nanmu 123

Madhuca hainanensis 444

Madhuca pasquieri 445

Mahonia microphylla 252

Mahonia subimbricata 253

Malania oleifera 430

Malus komarovii 314

Malus rockii 315

Malus sieversii 316

Malus sikkimensis 317

Mangifera sylvatica 383

Manglietia aromatica 95

Manglietia dandyi 96

Manglietia decidua 97

Manglietia grandis 98

Manglietia pachyphylla 99

Manglietia ventii 100

Meconopsis barbiseta 245

Meconopsis punicea 246

Meconopsis torquata 247

Merrillanthus hainanensis 475

Metasequoia glyptostroboides 43

Michelia baillonii 110

Michelia gioii 101

Michelia guangdongensis 102

Michelia hypolampra 101

Michelia shiluensis 103

Michelia wilsonii 104

Monimopetalum chinense 362

Morinda officinalis 472

Morus macroura 339

Morus notabilis 340

Morus wittiorum 341

Myricaria laxiflora 432

Myriophyllum ussuriense 284

Myristica yunnanensis 88

N

Najas browniana 525

Nardostachys jatamansi 511

Nelumbo nucifera 260

Neolitsea sericea.............................. 124

Neonauclea tsaiana....................... 473

Neopicrorhiza scrophulariiflora.... 489

Nephelium chryseum 394

Nostoc flagelliforme...................... 520

Nymphaea candida........................... 80

Nypa fruticans............................... 216

Nyssa yunnanensis......................... 439

O

Ophiocordyceps sinensis................ 521

Ophioderma pendulum 11

Ophioglossum pendulum................. 11

Orchidantha insularis................... 527

Orchidantha yunnanensis.............. 208

Oreocharis cotinifolia 485

Oreocharis esquirolii..................... 487

Orinus kokonorica 237

Ormosia apiculata.......................... 305

Ormosia balansae........................... 305

Ormosia boluoensis........................ 305

Ormosia elliptica 305

Ormosia emarginata 305

Ormosia eugeniifolia...................... 305

Ormosia ferruginea........................ 305

Ormosia fordiana 305

Ormosia formosana........................ 305

Ormosia glaberrima 305

Ormosia hekouensis....................... 305

Ormosia hengchuniana 305

Ormosia henryi............................... 305

Ormosia hosiei................................ 305

Ormosia howii 305

Ormosia indurata 305

Ormosia inflata............................... 306

Ormosia longipes............................ 306

Ormosia merrilliana....................... 306

Ormosia microphylla...................... 308

Ormosia microphylla

    var. *tomentosa* 306

Ormosia nanningensis................... 306

Ormosia napoensis......................... 306

Ormosia nuda.................................. 306

Ormosia olivacea............................ 306

Ormosia pachycarpa 306

Ormosia pachycarpa var. *tenuis* 306

Ormosia pachyptera 306

Ormosia pingbianensis 306

Ormosia pinnata............................. 306

Ormosia pubescens 306

Ormosia purpureiflora 306

Ormosia saxatilis 306

Ormosia semicastrata..................... 306

Ormosia semicastrata f. *litchiifolia*....306

Ormosia semicastrata f. *pallida* 306

Ormosia sericeolucida.................... 306

Ormosia simplicifolia..................... 306

Ormosia spp................................... 305

Ormosia striata............................... 306

Ormosia xylocarpa 306

Ormosia yunnanensis 306

Oryza meyeriana subsp. *granulata* 238

Oryza officinalis............................. 238

Oryza rufipogon.............................. 238

Oryza spp. 238

Osmanthus pubipedicellatus........... 483

Osmanthus venosus....................... 484

Ostrya rehderiana 353

Ottelia acuminata............................ 132

Ottelia acuminata var. *crispa*......... 132

Ottelia acuminata var. *jingxiensis*. 132

Ottelia acuminata var. *lunanensis*. 132

Ottelia alismoides 132

Ottelia balansae.............................. 132

Ottelia cordata 132

Ottelia emersa 132

Ottelia fengshanensis 132

Ottelia guanyangensis 132

Ottelia songmingensis 132

Ottelia spp. 132

Oyama sinensis 105

Oyama wilsonii 106

P

Pachylarnax sinica 107

Paeonia × *baokangensis* 262

Paeonia × *yananensis* 262

Paeonia cathayana 262

Paeonia decomposita 262

Paeonia decomposita

    subsp. *rotundiloba* 262

Paeonia delavayi 262

Paeonia jishanensis 262

Paeonia ludlowii 262

Paeonia ostii 262

Paeonia qiui 264

Paeonia rockii 265

Paeonia rockii subsp. *atava* 262

Paeonia rockii

    subsp. *linyanshanii* 262

Paeonia rotundiloba 262

Paeonia sect. *Moutan* spp. 262

Paeonia sterniana 266

Paeonia suffruticosa

    subsp. *yinpingmudan* 262

Panax bipinnatifidus 512

Panax bipinnatifidus

    var. *angustifolius* 512

Panax ginseng 512

Panax japonicus 512

Panax notoginseng 512

Panax pseudoginseng 512

Panax spp. 512

Panax stipuleanatus 512

Panax vietnamensis 512

Panax wangianum 512

Panax zingiberensis 512

Paphiopedilum appletonianum 186

Paphiopedilum areeanum 186

Paphiopedilum armeniacum 186

Paphiopedilum barbigerum 186

Paphiopedilum bellatulum 186

Paphiopedilum charlesworthii 186

Paphiopedilum concolor 186

Paphiopedilum delenatii 186

Paphiopedilum dianthum 186

Paphiopedilum emersonii 186

Paphiopedilum erythroanthum 186

Paphiopedilum gratrixianum 186

Paphiopedilum guangdongense 186

Paphiopedilum hangianum 186

Paphiopedilum helenae 186

Paphiopedilum henryanum 187

Paphiopedilum henryanum

    var. *christae* 187

Paphiopedilum hirsutissimum 190

Paphiopedilum insigne 187

Paphiopedilum malipoense 187

Paphiopedilum malipoense

    var. *angustatum* 187

Paphiopedilum malipoense

    var. *hiepii* 187

Paphiopedilum malipoense

    var. *jackii* 187

Paphiopedilum micranthum 191

Paphiopedilum notatisepalum 187

Paphiopedilum parishii 187

Paphiopedilum purpuratum 187

Paphiopedilum spicerianum 187

Paphiopedilum spp. 186

Paphiopedilum tigrinum 187

Paphiopedilum tranlienianum 187

Paphiopedilum venustum 187

Paphiopedilum villosum 187

Paphiopedilum villosum

   f. *wangliangii* 187

Paphiopedilum villosum

   var. *annamense* 187

Paphiopedilum villosum

   var. *boxallii* 187

Paphiopedilum wardii 187

Paphiopedilum wenshanense 187

Paradombeya sinensis 413

Parakmeria omeiensis 108

Parakmeria yunnanensis 109

Paramichelia baillonii 110

Paranephelium hainanense 395

Parashorea chinensis 425

Parepigynum funingense 476

Paris axialis 136

Paris bashanensis 136

Paris caobangensis 136

Paris caojianensis 136

Paris cronquistii 136

Paris cronquistii var. *xichouensis*.. 136

Paris daliensis 136

Paris delavayi 136

Paris dulongensis 136

Paris dunniana 136

Paris fargesii 136

Paris fargesii var. *petiolata* 136

Paris forrestii 136

Paris guizhouensis 136

Paris lihengiana 136

Paris luquanensis 136

Paris mairei 136

Paris marmorata 136

Paris nitida 136

Paris polyandra 137

Paris polyphylla 137

Paris polyphylla var. *alba* 137

Paris polyphylla var. *chinensis* 137

Paris polyphylla var. *emeiensis* 137

Paris polyphylla

   var. *kwantungensis* 137

Paris polyphylla var. *latifolia* 137

Paris polyphylla var. *minor* 137

Paris polyphylla var. *nana* 137

Paris polyphylla var. *panxiensis* 137

Paris polyphylla

   var. *pseudothibetica* 137

Paris polyphylla var. *stenophylla* .. 137

Paris polyphylla var. *yunnanensis*.. 137

Paris qiliangiana 137

Paris quadrifolia 137

Paris rugosa 137

Paris spp. 136

Paris stigmatosa 137

Paris tengchongensis 137

Paris thibetica 137

Paris thibetica var. *apetala* 137

Paris undulata 137

Paris vaniotii 137

Paris variabilis 137

Paris vietnamensis 137

Paris wenxianensis 137

Paris yanchii 137

Parrotia subaequalis 271

Pemphis acidula 380

Petrocosmea qinlingensis 486

Phaius hainanensis 192

Phaius wenshanensis 193

Phalaenopsis lobbii 194

Phalaenopsis malipoensis 195

Phalaenopsis wilsonii 196

Phalaenopsis zhejiangensis 197

Phanera cercidifolia 529

Phellodendron amurense 400

Phellodendron chinense 401

Phlegmariurus austrosinicus 6

Phlegmariurus cancellatus 6

Phlegmariurus carinatus 6

Phlegmariurus changii 6

Phlegmariurus cryptomerinus 6

Phlegmariurus cunninghamioides 6

Phlegmariurus fargesii 6

Phlegmariurus fordii 6

Phlegmariurus guangdongensis 6

Phlegmariurus hamiltonii 6

Phlegmariurus henryi 6

Phlegmariurus mingcheensis 6

Phlegmariurus nylamensis 6

Phlegmariurus ovatifolius 6

Phlegmariurus petiolatus 6

Phlegmariurus phlegmaria 6

Phlegmariurus pulcherrimus 6

Phlegmariurus salvinioides 6

Phlegmariurus shangsiensis 7

Phlegmariurus sieboldii 7

Phlegmariurus spp. 6

Phlegmariurus squarrosus 7

Phlegmariurus subulifolius 7

Phlegmariurus taiwanensis 7

Phlegmariurus yunnanensis 7

Phoebe bournei 125

Phoebe chekiangensis 126

Phoebe hui 127

Phoebe zhennan 128

Picea neoveitchii 66

Pinus dabeshanensis 67

Pinus densiflora var. ussuriensis 68

Pinus koraiensis 69

Pinus kwangtungensis 70

Pinus massoniana var. hainanensis... 71

Pinus squamata 72

Pinus sylvestris var. sylvestriformis ...73

Pinus wangii 74

Plagiopteron suaveolens 363

Plantago fengdouensis 490

Platycerium wallichii 27

Platycrater arguta 441

Plectocomia microstachys 217

Pleione × baoshanensis 199

Pleione × christianii 199

Pleione × confusa 199

Pleione × kohlsii 199

Pleione × maoershanensis 199

Pleione × taliensis 199

Pleione albiflora 198

Pleione arunachalensis 198

Pleione aurita 198

Pleione autumnalis 198

Pleione bulbocodioides 198

Pleione chunii 198

Pleione formosana 198

Pleione forrestii 198

Pleione forrestii var. alba 198

Pleione grandiflora 198

Pleione hookeriana 198

Pleione humilis 198

Pleione jinhuana 198

Pleione kaatiae 198

Pleione limprichtii 198

Pleione maculata 198

Pleione microphylla 198

Pleione pleionoides 198

Pleione praecox 199

Pleione saxicola 199

Pleione scopulorum 199

Pleione spp 198

Pleione yunnanensis 199

Podocarpus annamiensis 32

Podocarpus chinensis 32

Podocarpus chingianus 32

Podocarpus costalis 32

Podocarpus forrestii 32

Podocarpus macrophyllus 32

Podocarpus nakaii 32

Podocarpus neriifolius 32

Podocarpus pilgeri 32

Podocarpus spp. 32

Podocarpus subtropicalis 32

Pomatosace filicula 448

Poncirus × polyandra 402

Populus × berolinensis

var. *irtyschensis* 372

Populus × irtyschensis 372

Potaninia mongolica 318

Primulina tabacum 487

Prunus armeniaca 319

Prunus cerasifera 320

Prunus kansuensis 321

Prunus mira 323

Prunus mongolica 322

Prunus nana 324

Prunus tenella 324

Prunus zhengheensis 325

Psammosilene tunicoides 435

Psathyrostachys huashanica 239

Pseudolarix amabilis 75

Pseudotaxus chienii 53

Pseudotsuga brevifolia 76

Pseudotsuga forrestii 76

Pseudotsuga gaussenii 76

Pseudotsuga sinensis 76

Pseudotsuga spp. 76

Pseudotsuga wilsoniana 76

Pterospermum kingtungense 414

Pterospermum menglunense 415

Q

Quercus bawanglingensis 347

Quercus oxyphylla 348

Quercus sichourensis 344

R

Ranalisma rostrata 130

Reevesia rotundifolia 416

Renanthera citrina 202

Renanthera coccinea 202

Renanthera imschootiana 202

Renanthera spp. 202

Rhodiola angusta 273

Rhodiola crenulata 274

Rhodiola fastigiata 275

Rhodiola himalensis 276

Rhodiola quadrifida 277

Rhodiola rosea 278

Rhodiola sachalinensis 279

Rhodiola sacra 280

Rhodiola tangutica 281

Rhodiola wallichiana 282

Rhodiola yunnanensis 283

Rhododendron dauricum 463

Rhododendron griersonianum 464

Rhododendron huadingense 465

Rhododendron jingangshanicum .. 466

Rhododendron kiangsiense 467

Rhododendron urophyllum 468

Rhododendron williamsianum 469

Rhynchostylis retusa 203

Rosa anemoniflora 326

Rosa berberifolia 327

Rosa chinensis var. *spontanea* 328

Rosa kwangtungensis 329

Rosa lucidissima 330

Rosa odorata var. *gigantea* 331

Rosa praelucens 332

Rosa rugosa 333

S

Sagittaria natans 131

Salweenia bouffordiana 309

Salweenia spp. 309

Salweenia wardii 309

Sapria himalayana 373

Sargassum naozhouense 533

Sargassum nigrifolioides 534

Saruma henryi 85

Saussurea balangshanensis 502

Saussurea gossipiphora 503

Saussurea involucrata 504

Saussurea laniceps 505

Saussurea medusa 506

Saussurea orgaadayi 507

Sauvagesia rhodoleuca 365

Scheuchzeria palustris 134

Schisandra macrocarpa 82

Scrophularia stylosa 491

Shaniodendron subaequale 271

Shorea assamica 426

Siliquamomum tonkinense 212

Silvetia siliquosa 534

Sindora glabra 310

Sinochasea trigyna 240

Sinojackia henryi 457

Sinojackia huangmeiensis 457

Sinojackia microcarpa 457

Sinojackia oblongicarpa 457

Sinojackia rehderiana 457

Sinojackia sarcocarpa 457

Sinojackia spp. 457

Sinojackia xylocarpa 457

Sinojackia xylocarpa

var. *leshanensis* 457

Sinopanax formosanus 532

Sinopodophyllum hexandrum 254

Sinopora hongkongensis 129

Sophora tonkinensis 311

Sorghum propinquum 241

Sparganium hyperboreum 528

Sphaeropteris brunoniana 18

Sphaeropteris guangxiensis 18

Sphaeropteris hainanensis 18

Sphaeropteris lepifera 18

Sphagnum multifibrosum 523

Sphagnum squarrosum 2

Spodiopogon sagittifolius 242

Suriana maritima 312

T

Taiwania cryptomerioides 44

Takakia ceratophylla 523

Takakia lepidozioides 524

Taxus calcicola 54

Taxus contorta 54

Taxus cuspidata 54

Taxus florinii 54

Taxus spp. 54

Taxus wallichiana 54

Taxus wallichiana var. *chinensis* 54

Taxus wallichiana var. *mairei* 54

Terminalia myriocarpa 377

Terniopsis daoyinensis 367

Terniopsis sessilis 367

Terniopsis yongtaiensis 367

Tetracentron sinense 261

Tetraena mongolica 288

Tetrameles nudiflora 354

Thamnocharis esquirolii 488

Thuja koraiensis 45

Thuja sutchuenensis 46

Tigridiopalma magnifica 382

Tilia amurensis 417

Toona ciliata 404

Torreya dapanshanica 56

Torreya fargesii 56

Torreya fargesii subsp. *parvifolia* 56

Torreya grandis 56

Torreya grandis
    var. *jiulongshanensis* 56

Torreya jackii 56

Torreya spp. 56

Torreya yunnanensis 56

Trachycarpus nanus 218

Trapa incisa 381

Triaenophora rupestris 498

Tricholoma matsutake 522

Tuber sinoaestivum 536

Tugarinovia mongolica 508

Tulipa altaica 147

Tulipa biflora 147

Tulipa dasystemon 147

Tulipa heteropetala 147

Tulipa heterophylla 147

Tulipa iliensis 147

Tulipa kolpakowskiana 147

Tulipa mongolica 147

Tulipa patens 147

Tulipa sinkiangensis 147

Tulipa spp. 147

Tulipa suaveolens 147

Tulipa sylvestris 147

Tulipa sylvestris subsp. *australis* 147

Tulipa tarbagataica 147

Tulipa tetraphylla 147

Tulipa thianschanica 147

Tulipa thianschanica
    var. *sailimuensis* 147

Tulipa uniflora 147

U

Ulmus elongata 336

Utricularia punctata 492

V

Vanda coerulea 204

Vanilla shenzhenica 205

Vatica guangxiensis 427

Vatica mangachapoi 428

Vitis baihuashanensis 286

Vitis zhejiang-adstricta 287

W

Wangia saccopetaloides 114

Wenchengia alternifolia 494

Woonyoungia septentrionalis 111

X

Xanthocyparis vietnamensis 47

Xylocarpus granatum 405

Y

Yulania zenii 112

Z

Zelkova schneideriana 337

Zoysia sinica 243

图片摄影者

朱鑫鑫	魏 泽	徐晔春	刘 军	林秦文	朱仁斌
刘 冰	李光敏	宋 鼎	周 颢	李西贝阳	
李策宏	孟德昌	周欣欣	黄江华	徐永福	徐克学
陈又生	朱 弘	周建军	王 玫	杨成华	田代科
陈炳华	蒋 蕾	李晓东	华国军	吴棣飞	刘 昂
王军峰	黄青良	罗毅波	喻勋林	张 凯	黄 健
李波卡	刘兆龙	孟世勇	薛 凯	阳 亿	袁华炳
张宏伟	郑海磊	朱 强	曾云保	孙观灵	王钧杰
张宪春	张亚洲	周立新	安 昌	金 宁	张 磊
孔繁明	唐 荣	王 琦	蔡 磊	冯虎元	刘 坤
孙茂盛	汤 睿	王 挺	张金龙	张中帅	周 辉
董 上	刘 翔	唐忠炳	王 钊	白增福	高龙霄
李剑武	李仁坤	刘金刚	罗金龙	区崇烈	任晓彤
苏 凡	王龙远	吴佐建	徐 波	徐亚幸	许祖昌
严令斌	杨传东	杨根林	姚 刚	叶德平	张步云
张 成	张友元	郑锡荣	周元川	朱大海	邹 璞
迟建才	丁 涛	冯琦栋	惠肇祥	姜云传	练荣山
廖建秀	廖 廓	廖明林	刘新华	马炜梁	乔永海
山 山	苏 涛	覃 琨	王清隆	王文元	吴 双
徐隽彦	薛自超	杨春江	姚永飚	肇 谡	陈衍庆
成 斌	高晓晖	胡凤琴	蒋 洪	雷金睿	李海宁
李家亮	李 黎	李 强	倪静波	孙李光	田 琴
田睿阳	魏 毅	魏周睿	吴玉虎	奚建伟	徐同波
尤水雄	张敬莉	张 伟	赵金超	赵新杰	左政裕
曾秀丹	陈洪梁	陈俊通	陈敏愉	陈 庆	陈新艳
陈远山	程跃红	丁 鑫	方 晔	郭书普	何志堃
胡喻华	扈文芳	黄元河	焦 丹	金文驰	康瑞华
孔令锋	郎楷永	李 蒙	李 洋	李智军	李智选

梁金镛	林向东	刘王锁	刘永刚	刘忠义	刘仲健
庞爱佳	彭焱松	饶　军	宋世杰	孙明孝	谭　飞
王　东	王　栋	王　晖	王　科	王良珍	王毅敏
王云涯	韦　蒙	魏延丽	温　放	吴宝成	武泼泼
肖智勇	邢艳兰	胥红林	徐锦泉	杨柏云	杨　聪
叶建华	叶喜阳	由金文	袁彩霞	张红林	张华安
张开文	张立新	张　玲	张思宇	张志勇	周重建
朱艺耀	左大磊